模拟电子技术基础

主　编　刘晓书　王　毅
副主编　顾宏亮　刘速喜　谭久刚　刘玉芬
参　编　李虹燃　文　欣　陈　岚　石　磊
主　审　范琼英　姚建平

北京理工大学出版社
BEIJING INSTITUTE OF TECHNOLOGY PRESS

内容简介

本书通过对安装调试音响功率放大器这一典型工作任务的分析，结合实践应用，系统阐述了模拟电子技术的基础知识，共设计 7 个项目 21 个学习任务。其中，项目一为安装调试整流滤波电路，项目二为安装调试助听器，项目三为安装调试金属探测仪，项目四为安装调试音频前置放大器，项目五为安装调试直流稳压电源，项目六为安装调试调光电路，项目七为安装调试音响功率放大器。

本书内容新颖全面、图文并茂、通俗易懂、易学好教。

本书为校企合作共同编写，可作中等职业院校"模拟电子技术基础"的教材，也可作为相关从业人员的业务参考书和培训教材。

版权专有　侵权必究

图书在版编目(CIP)数据

模拟电子技术基础 / 刘晓书，王毅主编. -- 北京：北京理工大学出版社，2021.9
ISBN 978-7-5763-0285-1

Ⅰ. ①模… Ⅱ. ①刘… ②王… Ⅲ. ①模拟电路-电子技术-中等专业学校-教材 Ⅳ. ①TN710

中国版本图书馆 CIP 数据核字(2021)第 179364 号

出版发行 /	北京理工大学出版社有限责任公司
社　　址 /	北京市海淀区中关村南大街 5 号
邮　　编 /	100081
电　　话 /	(010)68914775(总编室)
	(010)82562903(教材售后服务热线)
	(010)68944723(其他图书服务热线)
网　　址 /	http://www.bitpress.com.cn
经　　销 /	全国各地新华书店
印　　刷 /	定州市新华印刷有限公司
开　　本 /	889 毫米 ×1194 毫米　1/16
印　　张 /	14
字　　数 /	298 千字
版　　次 /	2021 年 9 月第 1 版　2021 年 9 月第 1 次印刷
定　　价 /	39.00 元

责任编辑 / 陆世立
文案编辑 / 陆世立
责任校对 / 周瑞红
责任印制 / 边心超

图书出现印装质量问题，请拨打售后服务热线，本社负责调换

前言

随着国家产业转型升级和信息化、智能化的发展及新技术、新工艺的广泛应用,电子技术应用在产品设计、安装、调试、维修等方面的知识与技能需求均发生了巨大变化,本书是为了适应这些变化,为智能工程专业群的"模拟电子技术基础"课程而开发的教材。

"模拟电子技术基础"课程是智能工程专业群的一门专业核心课程。智能工程专业群涵盖机电技术应用、工业机器人应用与维护、消防工程技术、物联网技术应用和新能源汽车制造与装配专业。学习本课程前,学生应具备电工技术基础知识,通过本课程的学习,学生应学会选择、检测常用的电子元器件;能够分析、仿真电子电路;掌握设计模拟电路,安装、检测、调试电子电路的基本操作;能够熟练操作和使用常用电子仪器。本课程旨在培养学生的学习兴趣,逐渐提高其创新精神、实践能力,以及工匠精神;培养学生运用所学知识与技能解决生产生活中相关实际问题的能力,以及安全生产、节能环保和产品质量等职业意识,使其养成良好的工作方法、工作作风和职业道德,为后续"数字电子技术基础""单片机技术""PLC技术""机电一体化技术"等课程的学习及未来的职业生涯打下坚实的基础。

本书的开发遵循设计导向的职业教育思想,以职业能力和职业素养培养为重点,根据行业岗位需求、智能工程专业群的人才培养目标和模拟电子技术的教学大纲选取教材内容,根据工作过程系统化的原则设计学习任务,依据人的职业成长规律编排教材内容。

本书采用工学结合的一体化课程模式,采用行动导向教学方法,采用项目引领、任务驱动的编写模式,以"任务"为主线,将"知识学习、职业能力训练和综合素质培养"贯穿于教学全过程的一体化教学模式,让学生在技能训练过程中加深对专业知识、技能的理解和应用,培养学生的综合职业技能,全面体现职业教育的新理念。

本书具有以下特色:

1. 采用模块化设计方式,教学素材选取贴近生产生活实际

本书采用模块化设计方式,以安装调试音响功率放大器为总的工作任务,装载"模拟电子技术基础"课程的知识与技能,并依据工学结合的职业教育思想、职业成长规律和安装调试音响功率放大器的工作顺序,将总的工作任务分解为多个子任务,并配备了工作页。配备

的工作页将学习与工作紧密结合，并以"学习的内容是工作，通过工作实现学习"为宗旨，以此促进学习过程的系统化，并使教学过程更贴近企业生产实际。本书突出了工作页对学生实操过程的指导作用，并将工作过程的关键步骤具体标明，以达到学生只要依据工作页便可基本的独立完成整个工作过程操作的效果。

2. 体现工学结合的职业教育思想

本书根据安装调试音响功率放大器的工作顺序，依据个人"生手—熟手—能手"的职业成长规律，分解工作任务，让学生从观察电子产品外观、识别元器件入手进行整流滤波简单电子电路的安装调试，并利用该整流滤波电路为助听器提供直流电源。当学生完成了整流滤波电路、助听器、金属探测仪、音频前置放大器等简单电子电路的安装调试后，基本完成了从生手到熟手的职业成长。本书以音响功率放大器作为载体，把模拟电子技术的知识与技能有机的联系在一起，完美地体现了工作任务就是学习任务的职业教育理念。

3. 为每个任务精心设计仿真实验

本书中每个任务均配有仿真实验，每个仿真实验都由编者精心设计，并亲自仿真实践，力求让学生通过观察实验现象学习抽象的理论知识，通过仿真实验帮助学生选择元器件参数高效完成工作学习任务。另外，仿真实验的设计也弥补了实训设备不足院校的教学需求。

本书由刘晓书、王毅担任主编，顾宏亮、刘速喜、谭久刚、刘玉芬担任副主编，李虹燃、文欣、陈岚、石磊参与编写，范琼英、姚建平担任主审。刘晓书、王毅共同编写项目一，刘晓书、顾宏亮共同编写项目二，刘晓书、谭久刚共同编写项目三，刘晓书、李虹燃、陈岚共同编写项目四，王毅、刘玉芬、石磊共同编写项目五，王毅、刘速喜共同编写项目六，王毅、文欣共同编写项目七。全书由刘晓书统稿。在编写过程中，编者得到了马玖益的帮助，使本书的编写工作得以顺利完成，在此致以诚挚的谢意！

由于编者水平有限，加上实践经验不足，书中难免存在缺点和不足之处，恳请广大读者批评指正！

编　者
2021 年 5 月

目录

项目一 安装调试整流滤波电路 ··· 1
  任务一　认识与检测二极管 ·· 1
  任务二　仿真检测整流电路 ··· 12
  任务三　仿真检测滤波电路 ··· 22
  任务四　安装及调试整流滤波电路 ··· 25

项目二 安装调试助听器 ·· 31
  任务一　认识与检测三极管 ··· 31
  任务二　仿真检测基本放大电路 ·· 43
  任务三　仿真检测多级放大器 ·· 51
  任务四　仿真检测负反馈放大电路 ··· 54
  任务五　安装及调试助听器 ··· 62

项目三 安装调试金属探测仪 ·· 68
  任务一　仿真检测振荡器 ·· 69
  任务二　安装及调试金属探测仪 ·· 77

项目四 安装调试音频前置放大器 ·· 80
  任务一　仿真检测差动放大电路 ·· 81
  任务二　仿真检测集成运算放大器 ··· 88
  任务三　安装及调试音频放大器 ·· 97

项目五 安装调试直流稳压电源 ·· 100
  任务一　仿真检测直流稳压电源 ··· 101
  任务二　安装及调试音响电源 ·· 109

项目六　安装调试调光电路 ……………………………………………………… 111
任务一　仿真检测晶闸管调光电路 …………………………………………… 111
任务二　安装及调试调光电路 ………………………………………………… 118

项目七　安装调试音响功率放大器 ……………………………………………… 121
任务一　仿真检测甲类功率放大器 …………………………………………… 122
任务二　仿真检测乙类和甲乙类功率放大器 ………………………………… 125
任务三　安装及调试音响功率放大器 ………………………………………… 129

项目一

安装调试整流滤波电路

项目引入

我国电力电网技术在全球处于领先水平，提供到千家万户的是交流电，但电子设备都需要直流电，交流电通过整流、滤波就能得到直流电。本项目我们一起来制作一个整流滤波电路。

能力目标

知识目标
1. 能描述二极管的结构、符号和单向导电性，能认识、检测、选用常见的二极管。
2. 能描述常用特殊二极管的功能，能识别与检测常用特殊二极管。
3. 能描述半波、桥式整流电路的组成、工作原理和主要参数。
4. 能描述电容器滤波电路的电路组成、工作原理及其适用场合。
5. 能描述电感器滤波电路的电路组成、工作原理及其适用场合。
6. 能描述常用复式滤波电路组成及其适用场合。

技能目标
1. 能仿真检测半波、桥式整流电路的主要参数和输出波形。
2. 能仿真检测电容、电感、复式滤波电路的输出波形和主要参数。
3. 能仿真检测整流滤波电路，能使用示波器检测整流滤波电路输入输出波形。

素养目标
1. 养成安全的行为规范，注重人身安全和设备安全。
2. 养成诚实、守信、吃苦耐劳的品德。

任务一　认识与检测二极管

二极管在电子电路中应用非常广泛，在现代电子产品中常用来整流、检波、稳压等，还可以作为开关使用，用以控制电路的通断。掌握二极管的外形、结构、符号、特性及其主要参数是非常必要的。

工作任务描述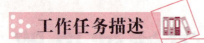

根据常用二极管的外观判断其极性。利用万用表检测二极管的极性，判断二极管的质量。

知识准备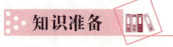

一、二极管的外形

二极管的功能与用途不同，其大小、外形、封装就不同。小功率二极管一般用塑料或玻璃封装，大功率二极管用金属外壳封装。常用二极管外形如图1.1所示。计算机主机直流电路板如图1.2所示，请找出该电路板中的二极管。

图1.1　常用二极管外形

图1.2　计算机主机直流电路板

二、二极管的结构与符号

在PN结上加接触电极、引线和封装管壳，就成为一只二极管。由P型半导体引出的电极，称为正极（或阳极）；由N型半导体引出的电极，称为负极（或阴极）。二极管的结构示意图如图1.3所示。二极管的文字符号为VD，一般图形符号如图1.4所示。

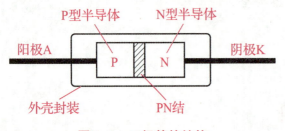

图1.3　二极管的结构

图1.4　二极管的图形符号与文字符号

三、二极管的特性

1. 二极管的单向导电性

通过 EWB 仿真实验来理解二极管的单向导电特性。

实验操作：用 EWB 搭接如图 1.5（a）所示的仿真实验。接通仿真电源、合上开关 S。如图 1.5（b）所示。观察实验现象。

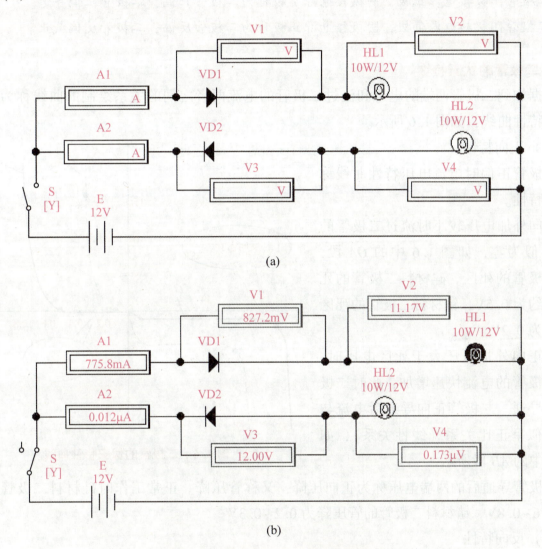

图 1.5　二极管单向导电性仿真实验

（a）仿真实验电路；（b）仿真实验现象

实验现象：与二极管 VD_1 串联的小灯泡 HL_1 亮了，电流表 A_1 的读数为 775.8mA，电压表 V_1 的读数为 827.2mV。电压表 V_2 的读数为 11.17V。与二极管 VD_2 串联的小灯泡 HL_2 不亮，电流表 A_2 的读数近似为零，电压表 V_3 的读数为 12V，电压表 V_4 的读数近似为零。

实验现象分析：小灯泡 HL_1 亮，电流表 A_1 的读数较大，表明流过二极管 VD_1 的电流较大，二极管 VD_1 所在的支路工作在通路状态。电压表 V_1 的读数很小，表明二极管 VD_1 此时呈低阻抗导通状态，类似一个闭合的开关。电压表 V_2 的读数较大，表明大部分电压降在小灯泡的两端。

小灯泡 HL_2 不亮，电流表 A_2 的读数近似为零，表明流过二极管 VD_2 的电流非常小，二极

管 VD_2 所在的支路工作在断路状态。电压表 V_3 的读数等于电源电压，表明二极管 VD_2 此时呈高阻抗截止状态，类似一个断开的开关。

实验结论：二极管的阳极接电源正极、阴极接电源负极时，二极管导通。二极管的阳极接电源负极、阴极接电源正极时，二极管截止。二极管具有单向导电性，又称开关特性。

知识总结

二极管阳极接电源正极，阴极接电源负极称为二极管正偏，二极管正偏导通。

二极管阳极接电源负极，阴极接电源正极称为二极管反偏，二极管反偏截止。

2. 二极管的伏安特性

根据加到二极管两端的电压和流过二极管的电流两者之间的关系绘制的曲线称为二极管的伏安特性曲线，如图 1.6 所示。

（1）正向特性

二极管正偏时电流电压特性曲线称为正向特性。

正向外加电压较小时流过二极管的电流近似为零，如图 1.6 中的 OA 段，称为二极管的死区。硅材料二极管的死区电压约为 0.5V，锗材料二极管的死区电压约为 0.2V。

当正向外加电压大于死区电压时，流过二极管的电流快速增加，此时二极管正向导通。二极管正向导通后电流与电压近似呈正比关系（线性关系），如图 1.6 中的 AB 段所示。

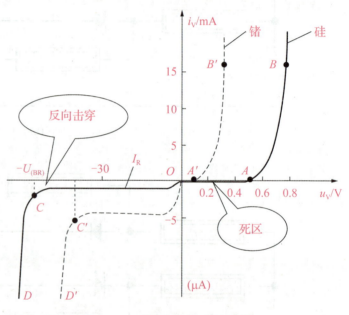

图 1.6 二极管的伏安特性曲线

二极管导通后的两端电压称为正向压降，又称管压降。正常工作时硅材料二极管的管压降为 0.6~0.8V。锗材料二极管的管压降为 0.2~0.3V。

（2）反向特性

二极管反偏时的电流电压特性曲线称为反向特性。

二极管反偏时，少数载流子运动形成反向电流。少子数量有限，故反向电压增高时反向电流无明显的增大。因此，反向电流称为反向饱和电流，如图 1.6 中的 OC 段所示。

硅二极管的反向饱和电流为几微安到几十微安，锗二极管的反向饱和电流可以达几百微安。

反向饱和电流受温度影响，会随着温度的升高而增大。常用反向饱和电流来衡量二极管的质量，其值越小越好。

当二极管的反向电压超过某一数值时，反向电流会突然增加，这一现象称为二极管反向击穿。二极管的反向击穿电压为图 1.6 中的 C 点所对应的电压值。

反向击穿时，二极管反向电流急剧增大，失去单向导电性，若限流措施良好，二极管不会损坏，则称为电击穿，反向电压取消后二极管能恢复正常。若因为电流过大导致二极管过热烧坏，则称为热击穿。热击穿将导致二极管永远损坏。

四、二极管的主要参数

二极管的主要参数有最大整流电流、最高反向工作电压等。

1. 最大整流电流 I_{OM}

二极管长期工作时所允许通过的最大正向平均电流称为最大整流电流，又称额定工作电流。实际应用中，二极管的实际工作电流不允许超过最大整流电流，否则管子很有可能因过热而烧坏。

2. 最高反向工作电压 U_{RM}

允许加在二极管上的最大反向峰值电压称为最高反向工作电压，又称额定工作电压。为了保证二极管的正常工作，二极管的最高反向工作电压取二极管击穿电压的一半。

五、特殊二极管简介

二极管是一个大家族，有许多具有特异功能的成员，它们活跃在电子电路的各个领域。

1. 稳压二极管

稳压二极管的外形与图形符号如图 1.7 所示。稳压二极管采用特殊工艺制成，正常工作时与负载并联，加反向偏置电压，工作在反向击穿区，反向击穿后其相电压几乎不变。

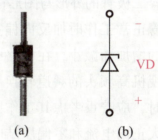

图 1.7 稳压二极管的外形与图形符号
（a）外形；（b）图形符号

2. 发光二极管

发光二极管（light emitting diode, LED）是一种能将电能转化成光能的半导体显示器件，它的外形与图形符号如图 1.8 所示。

发光二极管制作时加入特殊的金属化合物，其跟普通二极管一样具有单向导电性，正偏导通后根据所加金属化合物的不同发出各种颜色的光，如加入砷化镓发红光，加入磷化镓发绿光，加入氮化镓发蓝光，加入碳化硅发黄光。

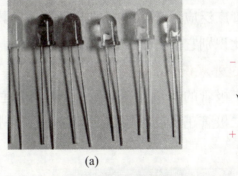

图 1.8 发光二极管的外形与图形符号
（a）外形；（b）图形符号

发光二极管启动电压比普通二极管高，死区电压为 0.9~1.1V，正常工作电压为 1.5~2.5V，反向击穿电压较低，一般小于 10V。

发光二极管功耗小，寿命长，可靠性高，可以单个使用，也可以做成七段式或矩阵式显示器件。常用的数码管就是用发光二极管排列而成的。高亮度的发光二极管常用于交通信号灯、小手电的照明等，是一种很有发展前途的电照明光源，现在已经大量用于生活照明。

3. 光电二极管

光电二极管是一种光敏半导体器件，它的外形与图形符号如图1.9所示。

光电二极管工作在反向偏置电压状态，无光照时，反向电流非常小，称为暗电流；有光照时，反向电流明显增大，称为光电流。

光电二极管在光照射下其反向电流随光照强度的增加而线性增加，光电二极管可将光信号转换成电信号，常用作光控开关、遥控接收器。大面积的光电二极管可以制成光电池。

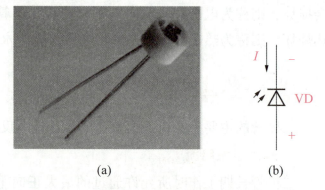

图1.9 光电二极管的外形与图形符号
（a）外形；（b）图形符号

4. 变容二极管

变容二极管的外形与图形符号如图1.10所示。变容二极管正常工作时加反向偏置电压，其结电容随反向电压的增加而减小，在电路中能替代可变电容，常用于电视机高频头的频道转换和调谐电路。选用变容二极管时，应着重考虑其工作频率、最高反向工作电压、最大正向电流和零偏压结电容等参数是否符合应用电路的要求，应选用结电容变化大、高 Q 值、反向漏电流小的变容二极管。

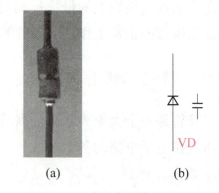

图1.10 变容二极管的外形与图形符号
（a）外形；（b）图形符号

六、二极管的识别与检测方法

二极管广泛应用于各种电子电路中，它具有单向导电性，如果接错将导致电路不能正常工作，因此识别它的引脚极性是非常重要的。

1. 通过外观识别二极管极性

普通二极管的外壳上一般有一个不同颜色的环，用来表示负极，如图1.11所示。

有的二极管正、负极引脚形状不同，一般带螺纹的一端为负极，另一端为正极，如图1.12所示。

图1.11 色环标示二极管极性

图1.12 引脚形状表示二极管极性

发光二极管的长脚为正极,短脚为负极,如图1.13所示。

2. 万用表检测二极管极性与质量

当二极管没有特别的标识时,可以用万用表来判别极性。方法如下:

先将万用表置于$R\times 100$或$R\times 1k$欧姆挡,调零,然后分别用红、黑表笔接触二极管的两引脚,观察指针偏转现象。交换红、黑表笔,再次用红、黑表笔接触二极管的两引脚,观察指针偏转现象。万用表检测二极管引脚极性与质量如图1.14所示。实验现象及引脚极性质量判断方法如表1.1所示。

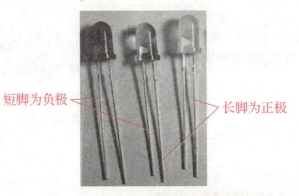

图1.13 引脚长短表示二极管极性

(a)

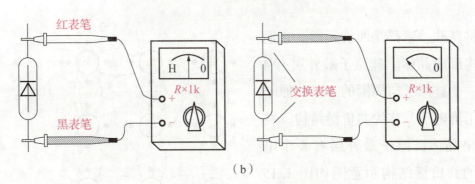

(b)

图1.14 指针式万用表检测二极管引脚极性与质量

(a)指针式万用表置于$R\times 1k$欧姆挡调零;(b)指针式万用表检测二极管极性与质量

表1.1 万用表检测二极管引脚极性与质量

实验现象	引脚及质量判断
万用表指针一次偏转较大,一次指针偏转较小	万用表指针偏转较大的一次,黑表笔所接为正极,红表笔所接为负极。二极管可用

续表

实验现象	引脚及质量判断
万用表指针两次都不偏转	万用表指针不偏转，显示二极管的阻值无穷大，说明二极管内部断路。二极管损坏不可用
万用表指针两次都满偏	万用表指针满偏，显示二极管的阻值为零，说明二极管内部短路。二极管损坏不可用

知识拓展

半导体基础知识

根据物质的导电能力，把物质分为导体、半导体和绝缘体3类。导体的导电能力很强，如铜、银、铝等。绝缘体几乎不导电，如塑料、橡胶、陶瓷等。半导体的导电性介于导体与绝缘体之间，常用的半导体材料有硅、锗、砷化镓等。

物质的内部结构决定物质的导电能力。原子核与电子的分布关系类似于太阳与行星的模型，电子分层围绕原子核运动。内层电子受原子核的束缚能力很强，外层电子受原子核的束缚较弱。原子核的最外层电子称为价电子。

一、本征半导体

不含杂质的纯净半导体称为本征半导体。本征半导体的原子按照一定规律整齐排列形成晶体结构。

半导体材料硅、锗都是四价元素，它们以共价键结构形成晶体。硅原子最外层有4个价电子，一个硅原子与周围的4个硅原子组成4对共用价电子，称为共价键结构。共价键结构的单晶体硅原子最外层有8个电子。硅原子的共价键结构示意图如图1.15所示。

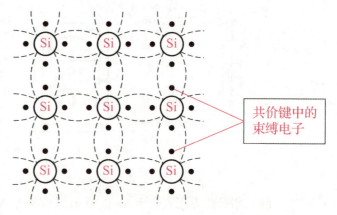

图1.15 硅原子的共价键结构示意图

在绝对零度、没有光照时，共价键结构的单晶体半导体硅原子的电子全部为束缚电子，没有可以自由运动的电子，这时的半导体不导电，其特性相当于绝缘体。

单晶体硅受热或被光照时，共价键中的束缚电子获得足够能量可能挣脱束缚而成为自由电子，同时在相应的位置留下一个空穴。本征半导体中的电子与空穴是成对出现的。硅原子共价键结构中的电子-空穴对示意图如图1.16所示。

空穴因为失去电子而带正电，它会吸引其他价电子来填补自己的空穴，这样就会产生新的空穴。

当电子向一个方向连续填补空穴时，相当于带正电的空穴向相反的方向移动。因此，电子与空穴都是一种运载电荷的粒子，简称载流子。电子与空穴向相反方向运动，形成同一方向的电流。空穴的出现是半导体区别于导体的一个重要特点。

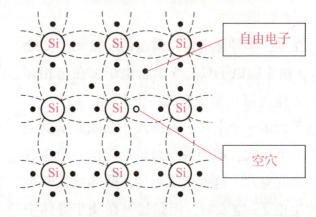

图 1.16　硅原子共价键结构中的电子-空穴对示意图

本征半导体受热或被光照产生电子-空穴对的现象称为本征激发。本征激发使半导体载流子浓度增加，导电能力增强。

温度升高使半导体导电性增强的现象称为半导体的热敏性。光照使半导体导电性增强的现象称为半导体的光敏性。

在本征半导体内掺入特殊的微量元素能使导电性猛增的现象称为半导体的掺杂性。

知识总结

不含杂质的纯净半导体称为本征半导体。
本征半导体具有电子和空穴两种载流子。
本征半导体的导电性能很差，在绝对零度、没有光照时类似绝缘体。
半导体具有热敏性、光敏性和掺杂性！

二、杂质半导体

本征半导体载流子浓度很低，导电性很差，没有利用价值。在本征半导体内掺入特殊的微量元素，可以得到导电性显著增强的 N 型与 P 型两类杂质半导体。

1. N 型半导体

在本征半导体中掺入微量的五价元素如磷（P），由于磷原子有 5 个价电子，在与相邻的 4 个硅（锗）原子组成共价键时，会多一个价电子而成为自由电子。每掺入一个磷原子就会产生一个自由电子，即使掺入微量的磷也会产生数量巨大的自由电子。这种杂质半导体受热激发时也会产生电子-空穴对，但是这种杂质半导体中自由电子数量大大超过空穴，主要靠电子导电，因此称为电子半导体，简称 N 型半导体。N 型半导体结构示意图如图 1.17 所示。

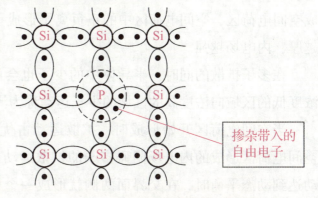

图 1.17　N 型半导体结构示意图

2. P型半导体

在本征半导体中掺入微量的三价元素如硼（B），由于硼原子只有3个价电子，在与相邻的4个硅（锗）原子组成共价键时，会少一个价电子而多一个空穴。每掺入一个硼原子就会产生一个空穴，即使掺入微量的硼也会产生数量巨大的空穴。这种杂质半导体受热激发时也会产生电子-空穴对，但是这种杂质半导体中空穴数量大大超过自由电子，主要靠空穴导电，因此称为空穴半导体，简称P型半导体。P型半导体结构示意图如图1.18所示。

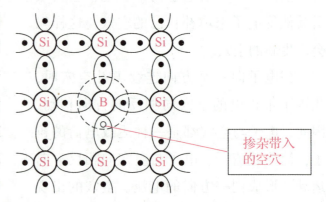

图1.18 P型半导体结构示意图

> **知识总结**
>
> 杂质半导体多数载流子的浓度由掺杂决定，少数载流子的浓度由温度决定。
> 杂质半导体中浓度较高的载流子简称多子，浓度较低的载流子简称少子。
> N型半导体中的多子是自由电子，少子是空穴。
> P型半导体中的多子是空穴，少子是自由电子。

三、PN结的形成及其单向导电性

1. PN结的形成

通过特殊工艺把P型半导体与N型半导体结合在一起，P型半导体中浓度高的多子空穴向N区扩散并与N区的自由电子复合。N型半导体中浓度高的多子自由电子向P区扩散并与P区的空穴复合。多子扩散的结果是在P型与N型半导体交界面的P区形成带负电且不能移动的负离子，N区形成带正电且不能移动的正离子。这些不能移动的正负离子在交界面两侧形成空间电荷区，空间电荷区中的正负离子形成了一个由N区指向P区的内电场。空间电荷区越厚，内电场越强。

在多子扩散的同时，半导体中的少子也会由浓度低的区域向浓度高的区域运动。这种由浓度低的区域向浓度高的区域的少子运动称为漂移。

当空间电荷区开始形成时，扩散运动占优势，空间电荷区逐渐加宽，内电场逐渐加强。空间电荷区形成的内电场阻碍多子的扩散运动，增强少子的漂移运动。当扩散运动与漂移运动达到动态平衡时，在交界面两侧就形成一个稳定宽度的空间电荷区，这个空间电荷区称为PN结。PN结的形成示意图如图1.19所示。

空间电荷区的多子因扩散而耗尽，故空间电荷区又称耗尽层。空间电荷区的内电场阻碍多数载流子继续扩散，因此空间电荷区也称为阻挡层。空间电荷区的宽度一般只有几微米。

项目一 安装调试整流滤波电路

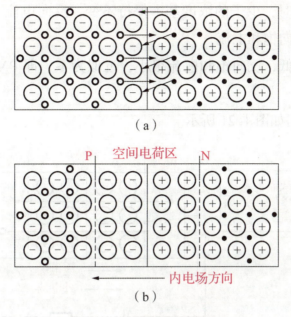

图 1.19 PN 结的形成示意图

（a）多子扩散；（b）空间电荷区（PN 结）形成

2. PN 结的单向导电性

（1）PN 结正向偏置导通

将 P 区接电源的正极，N 区接电源的负极，称为 PN 结正向偏置，简称 PN 结正偏。PN 结正偏的外电场方向与内电场方向相反，从而削弱了内电场，使阻挡层（空间电荷区）变薄，让多数载流子顺利扩散通过 PN 结形成正向电流。

PN 结正向偏置时呈低阻抗状态，即 PN 结正偏导通。通过 PN 结的正向电流随着正偏电压的增大而增大。

PN 结正向偏置示意图如图 1.20 所示。

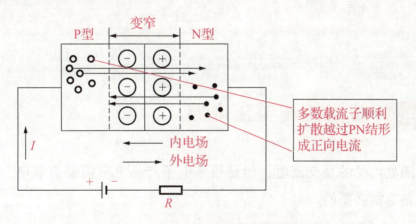

图 1.20 PN 结正向偏置示意图

（2）PN 结反向偏置截止

将 P 区接电源的负极，N 区接电源的正极，称为 PN 结反向偏置，简称 PN 结反偏。PN 结反偏的外电场方向与内电场方向相同，从而增强了内电场，使阻挡层（空间电荷区）变厚，让多数载流子的扩散运动难以进行。方向相同的内外电场加强少数载流子的漂移通过 PN 结形成反向电流。在温度一定时，少子的浓度基本保持不变，反向电流不随反向电压的增大而增大，因此反向电流又称反向饱和电流。

少数载流子的浓度很低，反向饱和电流很小，近似为零，即 PN 结反偏时呈高阻抗状态，PN 结反偏截止。

PN 结反向偏置示意图如图 1.21 所示。

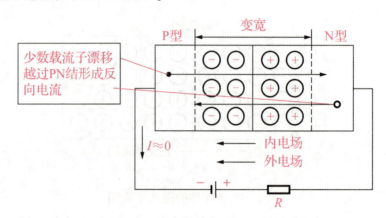

图 1.21　PN 结反向偏置示意图

知识总结

PN 结是多子扩散运动与少子漂移运动形成的一个动态平衡的空间电荷区，又称阻挡层或耗尽层。

PN 结具有单向导电性，正偏导通、反偏截止。

PN 结正偏时呈低阻抗状态，类似一个闭合的开关。PN 结反偏时呈高阻抗状态，类似一个断开的开关。PN 结具有开关特性。

反向饱和电流由少子漂移运动形成，少子浓度由温度决定，温度对反向饱和电流影响很大。

任务二　仿真检测整流电路

日常生活中随处可见的是交流电，但是很多电子产品常常需要直流电，因此学习把交流电转换成直流电是非常必要的。

工作任务描述

利用二极管的单向导电性可以将交流电变成脉动的直流电。利用 EWB 仿真软件搭接整流电路，检测电路的主要参数，分析整流电路的工作原理。

知识准备

交流电与直流电波形示意图如图 1.22 所示。将交流电变成直流电的过程称为整流。

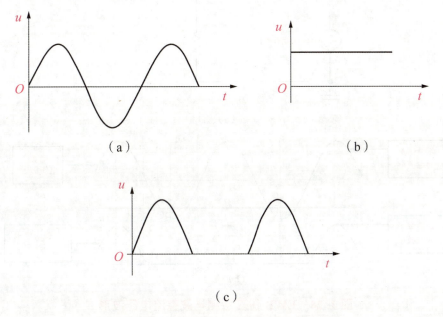

图 1.22 交流电与直流电波形示意图
(a) 交流电；(b) 恒稳直流电；(c) 脉动直流电

一、单相半波整流电路

1. 单相半波整流电路的组成与工作原理

单相半波整流电路原理图如图 1.23 所示。下面通过仿真实验来理解单相半波整流电路的工作原理。

实验操作：用 EWB 仿真软件根据图 1.23 所示的单相半波整流电路原理搭接如图 1.24（a）所示的仿真实验电路。（仿真电路可以提供任意的电压值，故本实验省去了整流变压器）。用交流电压源为实验电路提供 100V 的正弦交流电源。用示波器的 A 通道检测交流电源电压的波形，用 B 通道检测负载电阻端电压（输出电压）的波形。

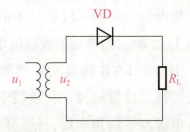

图 1.23 单相半波整流电路

接通仿真电源，合上开关 S，双击示波器图标，调节示波器的控制面板，观察示波器显示的 A、B 通道的波形。示波器显示波形如图 1.24（b）所示。

实验现象：A 通道显示了正弦交流电的波形，B 通道显示了正弦交流电正半周的波形，如图 1.24（a）所示。

工作原理分析：由于二极管具有单向导电性，在正弦波的正半周，二极管正偏导通，如果忽略二极管的管压降，电源电压全部降在负载电阻上，此时负载电阻 R_L 上的波形与电源电压的波形一样。而在正弦波的负半周，二极管反偏截止，此时二极管像一只断开的开关，即电路工作在断路状态，负载上的电压为零。因此，负载电阻只获得了正弦交流电正半周的波形。

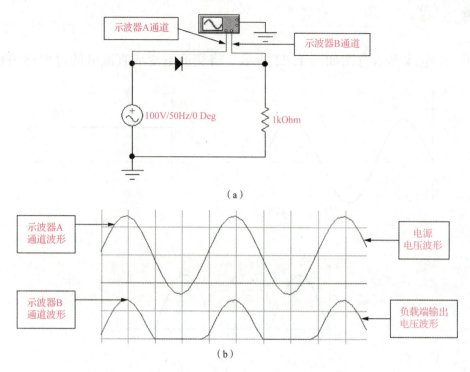

图 1.24　EWB 仿真检测半波整流电压波形

实验结论：二极管的单向导电性能把正弦交流电变换成方向一致的脉动直流电。将这种方向不改变但大小要随时间变化的电压（电流）波形称为脉动直流电。

将交流电变换成脉动直流电的过程称为整流。能完成整流的电路称为整流电路。

根据仿真实验示波器显示的波形整理得出如图 1.25 所示的单相半波整流电压波形。

由上面 EWB 仿真实验得知，电源有一半的波形被二极管截掉了，负载上所获得的波形只有电源波形的正半周，把这样的整流称为单相半波整流，实现单相半波整流的电路称为单相半波整流电路。

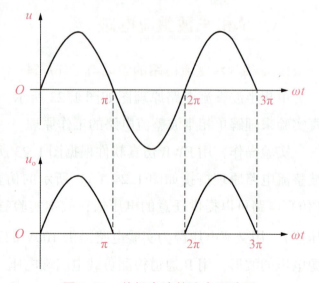

图 1.25　单相半波整流电压波形

2. 单相半波整流电路的主要参数

下面通过仿真实验来了解单相半波整流电路的主要参数，电路如图 1.26 所示。

实验操作：根据图 1.26（a）所示的实验电路原理搭接如图 1.26（b）所示的 EWB 仿真实验电路，测量电源电压的电压表设置为交流（AC），测量负载电压（输出电压）的电压表设置为直流（DC）。电源电压设置为 100V，负载电阻 R_L 设置为 1kΩ，接通仿真电源，合上开关 S，观察电压表的读数。

实验现象：电压表 V2 的读数为 44.8V，电流表 A 的读数为 44.8mA。

原理分析：负载获得的端电压为 44.8V，略小于交流电源有效值 100V 的一半。这是由于二极管只在交流电的正半周导通、二极管还具有一定的管压降所致。流过负载的电流为 44.8mA，这表明负载电流与负载电压满足欧姆定律。

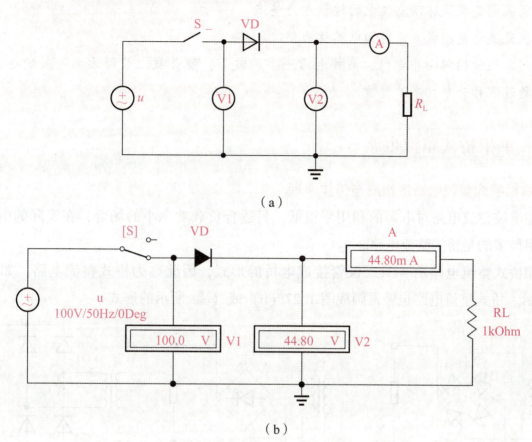

图 1.26　检测半波整流电路主要参数的实验电路

（a）实验电路原理；（b）EWB 仿真实验电路

通过仿真实验与数学公式推导可知：

1) 单相半波整流输出电压平均值 U_0 为

$$U_0 \approx 0.45U \tag{1.1}$$

式中，U 为交流电源电压有效值。

2) 单相半波整流输出电流平均值 I_0 为

$$I_0 \approx 0.45 \frac{U}{R_L} \tag{1.2}$$

3) 流过二极管的电流 I_D 为

$$I_D = I_0 \approx 0.45 \frac{U}{R_L} \tag{1.3}$$

4) 二极管承受的最高反向电压 U_{RM}。二极管承受的反向电压为交流电源的峰值，即

$$U_{RM} = \sqrt{2}\,U \tag{1.4}$$

> **知识总结**
>
> 方向不改变但大小随时间变化的电压（电流）波形称为脉动直流电。
>
> 把交流电变换成脉动直流电的过程称为整流。
>
> 能把交流电变换成直流电的电路称为整流电路。
>
> 利用二极管的单向导电性，截掉电源一半的波形，使负载上获得方向一致的电源波形的一半的过程称为单相半波整流。

二、单相桥式整流电路

1. 单相桥式整流电路的组成与工作原理

单相半波整流电路对电源的利用率很低，只适合负载功率小的场合，在实际的电子电路中，应用最多的是桥式整流电路。

单相桥式整流电路由 4 只二极管接成电桥的形式，因此称为桥式整流电路，如图 1.27 (a) 所示。桥式整流电路也经常画成图 1.27 (b) 或 (c) 所示的形式。

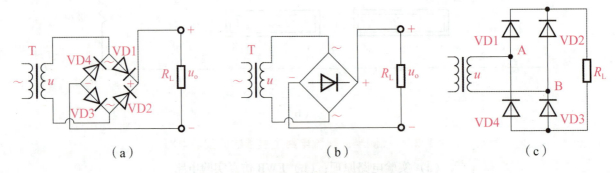

图 1.27 单相桥式整流电路原理

(a) 原理图；(b) 简化画法；(c) 常用画法

下面通过仿真电路来了解桥式整流电路的工作原理。

实验操作：用 EWB 仿真软件根据桥式整流电路的原理设计仿真实验电路，用交流电源为实验电路提供 100V、50Hz 的正弦交流电压信号（仿真电路交流电源可以提供任意的电压值，本实验省去了整流变压器）。用如图 1.28 (a) 所示的实验电路检测交流电源电压的波形，用如图 1.28 (b) 所示的实验电路检测负载端输出电压的波形，接通仿真电源，合上开关 S，双击示波器图标，观察示波器显示的波形，如图 1.28 (c) 所示。

实验现象：负载不仅获得了正弦交流电正半周的波形，还获得了正弦交流电负半周反向后的波形。

工作原理分析：在交流电的正半周，二极管 VD_1、VD_3 正偏导通（VD_2、VD_4 反偏截止），电源电压通过 VD_1、VD_3 提供的通路加在负载的两端，忽略二极管的管压降，负载上获得的电压波形与电源电压波形相同，此时 $u_o = u_i$。

在交流电的负半周，VD_1、VD_3 反偏截止，VD_2、VD_4 正偏导通，电源电压 u_i 通过 VD_2、

VD_4 提供的通路加在负载的两端,负载上获得的电压波形与电源电压波形相反,即二极管 VD_2、VD_4 把交流电源的负半周反向后加在负载电阻上。此时 $u_o = -u_i$。

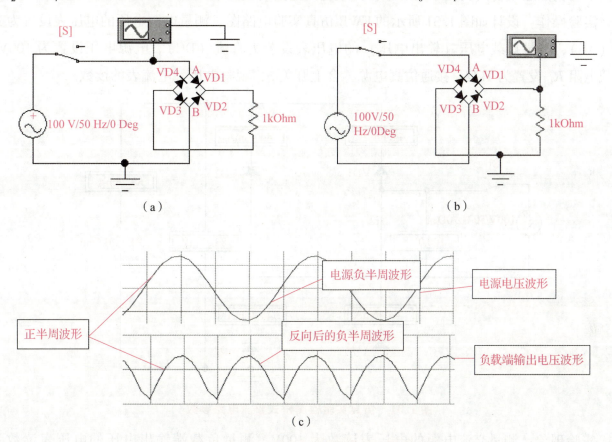

图 1.28 EWB 仿真实验检测桥式整流实验

(a)检测电源电压波形仿真实验电路;(b)检测负载端输出电压波形仿真实验电路;
(c)电源电压与负载端输出电压波形

可见,在交流电的一个周期之内,负载电阻上获得了两个方向相同的正脉冲电压波形。根据 EWB 仿真检测电压波形实验得出如图 1.29 所示的桥式整流电压波形。

当负载为纯电阻时,负载上获得的电压、电流波形同相位,此时桥式整流电路的电压、电流波形如图 1.30 所示。

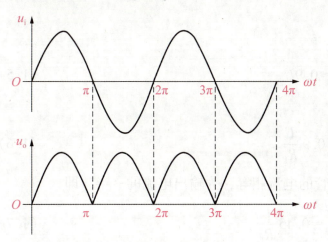

图 1.29 单相桥式整流电压波形

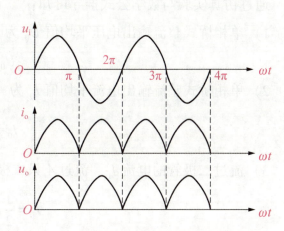

图 1.30 桥式整流纯电阻负载电压电流波形

2. 单相桥式整流电路的主要参数

下面仍然通过仿真实验来了解单相桥式整流电路的主要参数。

实验操作：设计如图 1.31 所示的 EWB 仿真实验电路图，测量电源电压的电压表设置为交流（AC），测量负载电压（输出电压）的电压表设置为直流（DC）。电源电压设置为 100V，负载电阻 R_L 设置为 1kΩ，接通仿真电源，合上开关 S，观察电压、电流表的读数。

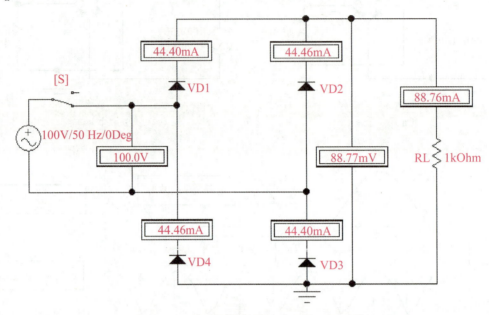

图 1.31 仿真实验检测桥式整流电路参数

实验现象：测量交流电源的电压表读数为 100V，测量负载端输出电压的电压表读数为 88.77V，桥式整流的输出电压为比半波整流升高一倍。测量输出电流的电流表读数为 88.76mA。输出电压与输出电流满足欧姆定律。流过 4 只二极管的电流近似相等，约等于输出电流的一半。

原理分析：桥式整流的负载不仅获得了电源正半周的电压波形，还获得了电源负半周反向后的电压波形，因此桥式输出电压比半波整流升高一倍。每只二极管只导通半个周期，因此流过二极管的电流是输出电流的一半。

通过仿真实验与数学公式推导可知：

1) 单相桥式整流输出电压平均值 U_0 为

$$U_0 \approx 0.9U \tag{1.5}$$

2) 单相桥式整流输出电流平均值 I_0 为

$$I_0 \approx 0.9 \frac{U}{R_L} \tag{1.6}$$

3) 流过二极管的电流 I_D。流过 4 只二极管的电流相等，为输出电流的一半，即

$$I_D = \frac{1}{2} I_0 \approx 0.45 \frac{U}{R_L} \tag{1.7}$$

4) 二极管承受的最高反向电压 U_{RM}。二极管承受的反向电压为交流电源的峰值，即

$$U_{RM} = \sqrt{2}\,U \tag{1.8}$$

桥式整流有效地利用了交流电的负半周，使电源的利用率提高了一倍，输出电压值也提高了一倍。桥式整流电路中每只二极管只工作半个周期。

桥式整流电路广泛用在电吹风、手机电池充电器、电视机等产品中。

桥式整流电路在实际应用中，常将 4 只整流二极管按桥式整流电路连接好，然后封装在一起成为桥式整流堆，简称桥堆。桥堆有 4 个引脚，分别是两个交流输入端子和两个直流输出端子。几种常用桥堆的外形如图 1.32 所示。

图 1.32　几种常见桥堆的外形

知识拓展

三相整流电路

单相整流电路的输出功率很小，如果负载功率太大，将会影响三相电网负荷平衡。三相整流电路的输出电压脉动很小，输出功率大，变压器利用率高，能使三相电网的负荷平衡。

一、三相半波整流

1. 三相半波整流电路组成与工作原理

三相半波整流电路（图 1.33）有共阳极与共阴极两种接法。将三相半波整流电路的三只整流二极管的负极接在一起，称为共阴极接法。

二极管导通的条件是阳极电位高于阴极电位，在共阴极接法的三相半波整流电路中，阳极电位较高的二极管优先导通。

根据图 1.33 所示的三相交流电源电压波形图可知：

在 $t_1 \sim t_2$ 时间内，U 相电压最高，因此二极管 VD_1 优先导通，二极管 VD_2、VD_3 截止。电流的通路为 U→VD_1→A→R_L→N→U。负载

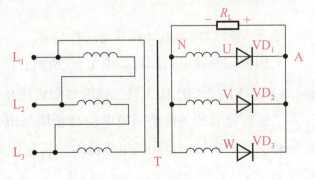

图 1.33　三相半波整流电路

上获得U相的电压波形,输出电压等于U相电压。

在$t_2 \sim t_3$时间内,V相电压最高,因此二极管VD_2优先导通,二极管VD_1、VD_3截止。电流的通路为V→VD_2→A→R_L→N→V。负载上获得V相的电压波形,输出电压等于V相电压。

在$t_3 \sim t_4$时间内,W相电压最高,因此二极管VD_3优先导通,二极管VD_1、VD_2截止。电流的通路为W→VD_3→A→R_L→N→W。负载上获得W相的电压波形,输出电压等于W相电压。

三相半波整流电路的3只二极管VD_1、VD_2、VD_3在一个周期中轮流工作,每只二极管工作1/3个周期,负载上获得的电压、电流方向不变。三相半波整流电路电压波形如图1.34所示。

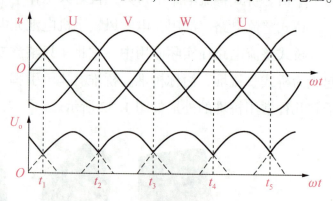

图1.34 三相半波整流电路电压波形

2. 三相半波整流电路参数计算

由数学公式推导可得:

1)三相半波整流输出电压平均值U_0为

$$U_0 \approx 1.17U \tag{1.9}$$

2)三相半波整流输出电流平均值I_0为

$$I_0 = \frac{U_0}{R_L} \approx 1.17 \frac{U}{R_L} \tag{1.10}$$

3)流过二极管的电流I_D为

$$I_{D1} = I_{D2} = I_{D3} = \frac{1}{3} I_0 \tag{1.11}$$

4)二极管承受的最高反向电压U_{RM}为

$$U_{RM} = \sqrt{2} \times \sqrt{3}\, U \approx 2.45U \tag{1.12}$$

二、三相桥式整流电路

1. 三相桥式整流电路组成与工作原理

三相桥式整流电路原理如图1.35所示,图中VD_1、VD_3、VD_5这3只二极管共阴极接在一起,VD_2、VD_4、VD_6这3只二极管共阳极接在一起。

二极管导通的条件是阳极电位高于阴极电位,因此共阴极接法是阳极电位高的二极管优先导通,共阳极接法是阴极电位低的二极管优先导通。根据图1.36所示的三相电源的电压波形可知:

在$t_1 \sim t_2$时间内,U相电压最高,V相电压最低,因此共阴极接法的二极管VD_1优先导通，VD_3、VD_5 截止，共阳极接法的二极管 VD_4 优先导通，VD_2、VD_6 截止；电流的通路为 U→VD_1→A→R_L→B→VD_4→V→N→U。输出电压近似等于三相交流电源的 UV 两相间的线电压 u_{UV}。

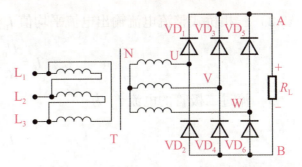

图 1.35 三相桥式整流电路原理

在 t_2~t_3 时间内，U 相电压最高，W 相电压最低，因此共阴极接法的二极管 VD_1 优先导通，VD_3、VD_5 截止，共阳极接法的二极管 VD_6 优先导通，VD_2、VD_4 截止；电流的通路为 U→VD_1→A→R_L→B→VD_6→W→N→U。输出电压近似等于三相交流电源的 UW 两相间的线电压 u_{UW}。

在 t_3~t_4 时间内，V 相电压最高，W 相电压仍最低，因此二极管 VD_3、VD_6 优先导通，其余二极管截止。电流的通路为 V→VD_3→A→R_L→B→VD_6→W→N→V。输出电压近似等于交流电源 VW 两相间的线电压 u_{VW}。

在 t_4~t_5 时间内，V 相电压最高，U 相电压仍最低，因此二极管 VD_3、VD_2 优先导通，其余二极管截止。电流的通路为 V→VD_3→A→R_L→B→VD_2→U→N→V。输出电压近似等于交流电源 VU 两相间的线电压 u_{VU}。

在 t_5~t_6 时间内，W 相电压最高，U 相电压仍最低，因此二极管 VD_5、VD_2 优先导通，其余二极管截止。电流的通路为 W→VD_5→A→R_L→B→VD_2→U→N→W。输出电压近似等于交流电源 WU 两相间的线电压 u_{WU}。

在 t_6~t_7 时间内，W 相电压最高，V 相电压仍最低，因此二极管 VD_5、VD_4 优先导通，其余二极管截止。电流的通路为 W→VD_5→A→R_L→B→VD_4→V→N→W。输出电压近似等于交流电源 WU 两相间的线电压 u_{WV}。

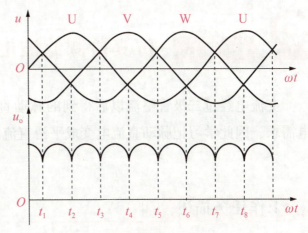

图 1.36 三相桥式整流电路电压波形

根据以上分析可知，三相桥式整流电路的 6 只二极管在一个周期中轮流工作，在任何一个瞬间，有且只有两只二极管导通，而且一个周期内每只二极管都会导通两个 1/6 周期（即 1/3 个周期）。负载上获得的电压、电流方向不变。由图 1.36 可知，三相桥式整流输出电压波形的脉动很小，负载上获得的脉动电压已经非常平滑了。

2. 三相桥式整流电路参数计算

由数学公式推导可得：

1）三相桥式整流电路输出电压平均值 U_0 为

$$U_0 \approx 2.34U \qquad (1.13)$$

2）三相桥式整流电流输出电流平均值 I_0 为

$$I_0 = \frac{U_0}{R_L} \approx 2.34 \frac{U}{R_L} \tag{1.14}$$

3）流过二极管的电流 I_D 为

$$I_D = \frac{1}{3} I_0 \tag{1.15}$$

4）二极管承受的最高反向电压 U_{RM}。每只二极管承受的反向电压 U_{RM} 是三相交流电源的线电压的最大值，即

$$U_{RM} = \sqrt{2} \times \sqrt{3} U \approx 2.45 U \tag{1.16}$$

知识总结

三相整流的输出电压比单相整流的输出电压平滑得多，输出电压平均值也比单相整流高得多。

三相半波整流3只二极管轮流导通，每只二极管在一个周期内单独工作1/3个周期。

三相桥式整流6只二极管轮流导通，每两只二极管为一组在一个周期内工作1/3个周期。

三相桥式整流输出电压比三相半波整流输出电压大一倍。

任务三　仿真检测滤波电路

交流电经过二极管整流以后得到的脉动直流电波动很大，难以满足大多数电子产品的供电需求，因此学习把脉动直流电变成平滑直流电是非常必要的。

工作任务描述

利用储能元件把脉动直流电变成平滑直流电。利用EWB仿真软件搭接滤波电路，展示滤波电路的特性，分析滤波电路的工作原理。

知识准备

滤波就是保留脉动直流电的直流成分，尽可能地滤除它的交流成分。常用的滤波电路有电容滤波电路、电感滤波电路、复式滤波电路。

一、电容滤波电路

(一) 电路组成

单相桥式整流电容滤波电路如图 1.37 所示。电容并联在负载的两端,电容在电路中有储存和释放能量的作用。当电源的电压升高时,它把部分能量储存起来;当电源电压降低时,它就把能量释放出来,从而减小脉动成分,使负载上获得的电压比较平滑。因此,电容具有滤波的作用。

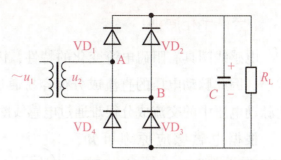

图 1.37 单相桥式整流电容滤波电路

(二) 工作原理

正半周,当 $U_C<U_2$ 时,VD_1、VD_3 导通,电源对负载 R_L 供电,对电容器 C 充电,当 $U_C>U_2$ 时,VD_1、VD_3 截止,电容器 C 对负载 R_L 放电。

负半周,当 $U_C<U_2$ 时,VD_2、VD_4 导通,电源对负载 R_L 供电,对电容器 C 充电,当 $U_C>U_2$ 时,VD_2、VD_4 截止,电容器 C 对负载 R_L 放电。

在一个周期内,电容器充放电各两次,经电容滤波后,输出电压平滑了,交流成分大大减小,而且输出电压的平均值提高。单相桥式整流电容滤波电路输出端电压波形如图 1.38 所示。

在一个周期内,电容充放电各两次,经电容滤波后,输出电压平滑了,交流成分大大减小,且输出电压的平均值提高。

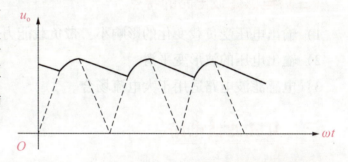

图 1.38 单相桥式整流电容滤波电路输出端电压波形

(三) 电容滤波电路的特点

1) 负载的平均电压升高,交流成分减小。电容的放电速度越慢,负载电压中的交流成分越小,负载平均电压越高。

2) 负载上获得的平均电压随着负载电流的增加而减小。可见,负载电流越小,输出的电压越平滑,电压的平均值越高。

3) 电容滤波用在负载电流小的场合滤波效果好。

二、电感滤波电路

(一) 电路组成

桥式整流电感滤波电路如图 1.39 所示。其中,电感器与负载串联。

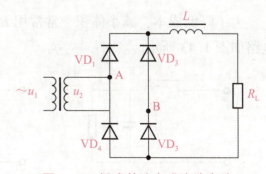

图 1.39 桥式整流电感滤波电路

(二) 工作原理

电感线圈具有阻碍电流变化的特性，因此可以用于滤波。电感对直流分量的阻碍作用非常小，因此脉动电压的直流成分很容易通过；但是，电感对交流成分的阻碍作用非常大，因此脉动电压中的交流成分很难通过电感线圈。

根据电磁感应原理可知，线圈通过变化的电流时，线圈的两端要产生自感电动势来阻碍电流的变化，即抑制电流的变化，当电流的变化减小时，负载上获得的电压波形就变平滑了。

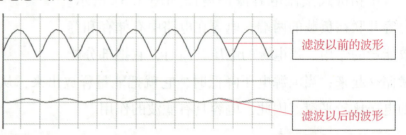

图 1.40　单相桥式整流电感滤波电路输出端电压波形

电感越大，滤波的效果越好，但是电感大，其体积大，成本上升，损耗增加。单相桥式整流电感滤波电路输出端电压波形如图 1.40 所示。

(三) 电感滤波电路的特点

1）输出电压受负载变化的影响小，带负载能力强。
2）输出电压的波形变平滑。
3）电感滤波电路适用于大电流场合。

三、复式滤波电路

复式滤波就是利用电容器、电感器、电阻器组成的滤波电路。

(一) *LC* 型滤波电路

LC 型滤波电路如图 1.41 所示。*LC* 型滤波的效果比单一的电容滤波、电感滤波效果好。

(二) *LC*π 型滤波电路

*LC*π 型滤波电路如图 1.42 所示，电容 C_2 可以进一步滤波，负载上可以获得一个交流成分很小的平滑的直流电压。

(三) *RC*π 型滤波电路

为了降低成本，减小体积，常常用 *RC*π 型滤波电路来替代 *LC*π 型滤波电路，*RC*π 型滤波电路如图 1.43 所示。

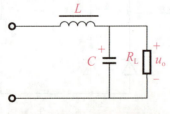 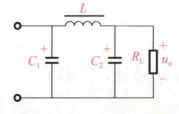 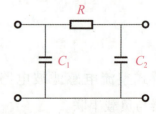

图 1.41　*LC* 型滤波电路　　　图 1.42　*LC*π 型滤波电路　　　图 1.43　*RC*π 型滤波电路

项目一　安装调试整流滤波电路

任务四　安装及调试整流滤波电路

多数电气设备所需直流电源，采用将各种规格的交流电整流滤波而得。

工作任务描述

安装整流滤波电路时会用到电烙铁。下面主要学习电烙铁及焊接的知识。在相应的任务工单中，要求根据整流滤波电路原理图，列所需元器件清单，使用万用表检测电子元器件，在 30mm×28mm 的电路板上正确插装与焊接元器件。安全进行检测、调试整流滤波电路，明确电路工作原理。

知识准备

一、认识电烙铁

（一）电烙铁的作用

电烙铁是手工施焊的主要工具，是一种电热器件，通电后产生高温，可使焊锡熔化，利用它可以完成电子元件的焊接。常用电烙铁如图 1.44 所示。

电烙铁的内部结构都由发热部分、储热部分和手柄 3 部分组成。

图 1.44　常用电烙铁

发热部分又称加热部分或加热器，或称为能量转换部分，俗称烙铁芯，这部分的作用是将电能转换成热能。

电烙铁的储热部分就是通常所说的烙铁头，它在得到发热部分传来的热量后，温度逐渐上升，并把热量积蓄起来。通常采用紫铜或铜合金来制作烙铁头。

电烙铁的手柄部分是直接同操作人员接触的部分，它应便于操作人员灵活舒适地操作。手柄一般由木料、胶木或耐高温塑料加工而成。

（二）电烙铁的分类

1. 外热式电烙铁

外热式电烙铁的芯子（发热元件）用电阻丝绕在以薄云母片绝缘的筒子上，烙铁头安装在芯子里面，因而称为外热式电烙铁。

2. 内热式电烙铁

内热式电烙铁的芯子（发热元件）安装在烙铁头内，被烙铁头包起来，直接对烙铁头加热。

内热式电烙铁芯子（发热元件）的镍铬丝和绝缘瓷管都比较细，机械强度较外热式电烙铁，不耐冲击，在使用时不要随意敲击、铲撬，更不能用钳子夹发热管子，以免发生意外。

3. 恒温电烙铁

恒温电烙铁就是在内热式电烙铁的基础上增加控温电路，使电烙铁的温度在一定范围内保持恒定。

4. 调温电烙铁

普通的内热式电烙铁增加一个功率、恒温控制器（常用晶闸管电路调节）。使用时，可以改变供电的输入功率，可调温度范围为100℃~400℃，适合焊接一般小型电子元件和印制电路。

（三）电烙铁的选用

1）要根据焊接件的形状、大小及焊点和元器件密度等要求来选择合适的烙铁头形状。

2）烙铁头顶端温度应根据焊锡的熔点而定。通常，烙铁头的顶端温度应比焊锡熔点高30℃~80℃，而且应不包括烙铁头接触焊点时下降的温度。

3）所选电烙铁的热容量和烙铁头的温度恢复时间应能满足被焊工件的热要求。

4）根据元件特点，在实际使用过程中应依工序要求选用合适的电烙铁，普通无特殊要求工序（如执锡、焊接普通元器件等），一般情况下选用40~60W的电烙铁，特殊敏感工序（如SMT元件焊接、集成电路焊接等），选用55W恒温电烙铁，需指定焊接温度的（如MIC焊接等），选用调温电烙铁。

二、认识焊锡丝

手工焊接常用的焊料是焊锡丝，常用的焊锡线是一种包有助焊剂的焊锡丝，它有直径0.8mm、1.0mm、1.2mm等多种规格，可酌情使用。

助焊剂起清除被焊接金属表面的杂质，防止氧化，增加焊锡的浸润作用，提高焊接的可靠性。

三、焊接操作要领

（一）焊接操作姿势

1. 操作姿势

手工操作时，应注意保持正确的姿势，有利于健康和安全。正确的操作姿势是挺胸，端正直坐，不要弯腰，鼻尖至烙铁头尖端应保持20cm以上的距离，通常以40cm为宜。

2. 电烙铁的握法

电烙铁的握法有反握法、正握法和握笔法 3 种，如图 1.45 所示。

(1) 反握法

反握法就是用五指把电烙铁的柄握在掌内，如图 1.45（a）所示。此法适用于大功率电烙铁，焊接散热量较大的被焊件。

(2) 正握法

正握法如图 1.45（b）所示。正握法适用于中功率电烙铁，且多为弯形烙铁头。

(3) 握笔法

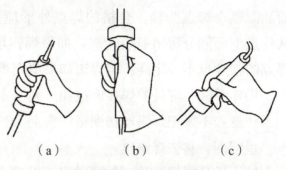

图 1.45 电烙铁的握法

(a) 反握法；(b) 正握法；(c) 握笔法

握笔法适用于小功率的电烙铁，焊接散热量小的被焊件，如焊接收音机、电视机的印制电路板（printed circuit board，PCB）及其维修等。握笔法握电烙铁的姿势像握钢笔那样，与焊接面约为 45°，如图 1.45（c）所示。

（二）焊接步骤

手工焊接常采用进行五工步施焊法训练，五工步施焊法又称五步操作法，是掌握手工焊接的基本方法，如图 1.46 所示。

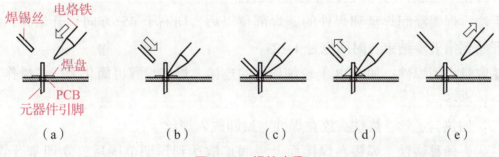

图 1.46 焊接步骤

(a) 步骤一；(b) 步骤二；(c) 步骤三；(d) 步骤四；(e) 步骤五

步骤一：准备。

准备好被焊工件，电烙铁加温到工作温度，烙铁头保持干净并吃好锡，一手握好电烙铁，一手抓好焊锡丝，电烙铁与焊锡丝分居于被焊工件两侧。

操作手法：左手拿焊丝，右手握烙铁，进入备焊状态。要求烙铁头保持干净，无焊渣等氧化物，并在表面镀有一层焊锡。

步骤二：加热。

烙铁头接触被焊工件，包括工件端子和焊盘在内的整个焊件全体要均匀受热，不要施加压力或随意拖动烙铁，时间以 1~2s 为宜。

操作手法：烙铁头靠在两焊件的连接处，加热整个焊件全体，时间为 1~2s。对于在 PCB 上焊接元器件，要注意使烙铁头同时接触两个被焊接物。例如，导线与接线柱、元器件引线与焊盘要同时均匀受热。

步骤三：加焊锡丝。

当工件被焊部位升温到焊接温度时，送上焊锡丝并与工件焊点部位接触，熔化并润湿焊点。焊锡应从电烙铁对面接触焊件。送锡量要适量，一般只有均匀、薄薄的一层焊锡，能全面润湿整个焊点为佳。合格的焊点外形应呈圆锥状，没有拖尾，表面微凹，且有金属光泽，从焊点上面能分辨出引线轮廓。如果焊锡堆积过多，内部就可能掩盖着某种缺陷隐患，而且焊点的强度也不一定高；但焊锡如果填充得太少，就不能完全润湿整个焊点。

操作手法：焊件的焊接面被加热到一定温度时，焊锡丝从烙铁对面接触焊件。

注意：不要把焊锡丝送到烙铁头上。

步骤四：移去焊锡丝。

熔入适量焊锡（这时被焊件已充分吸收焊锡并形成一层薄薄的焊料层）后，迅速移去焊锡丝。

操作手法：当焊丝熔化一定量后，立即向左上 45°方向移开焊丝。

步骤五：移去电烙铁。

移去焊锡丝后，在助焊剂（锡丝内含有）还未挥发完之前，迅速移去电烙铁，否则将留下不良焊点。电烙铁撤离方向与焊锡留存量有关，一般以与轴向成 45°的方向撤离。撤离电烙铁时，应往回收，回收动作要迅速、熟练，以免形成拉尖；收电烙铁的同时，应轻轻旋转一下，这样可以吸除多余的焊料。从放电烙铁到焊件上至移去电烙铁，整个过程以 2~3s 为宜。时间太短，焊接不牢靠；时间太长容易损坏元件。

操作手法：焊锡浸润焊盘和焊件的施焊部位以后，向右上 45°方向移开烙铁，结束焊接。从第三步开始到第五步结束，时间也是 1~2s。

对于热容量小的焊件，如 PCB 上较细导线的连接，焊接步骤可简化为三步操作。

步骤一：准备。

步骤二：加热与送丝，烙铁头放在焊件上后即放入焊丝。

步骤三：去丝移烙铁，焊锡在焊接面上浸润扩散达到预期范围后，立即拿开焊丝并移开烙铁，注意移去焊丝的时间不得滞后于移开烙铁的时间。

对于吸收低热量的焊件，整个焊接过程的时间为 2~4s。

（三）手工焊接的注意事项

1）手握铬铁的姿势。掌握正确的操作姿势，可以保证操作者的身心健康，减轻劳动伤害。为减少焊剂加热时挥发出的化学物质对人的危害，减少有害气体的吸入量，一般情况下，烙铁到鼻子的距离应该不小于 20cm，通常以 30cm 为宜。

反握法的动作稳定，长时间操作不易疲劳，适于大功率烙铁的操作；正握法适于中功率烙铁或带弯头电烙铁的操作；一般在操作台上焊接印制电路板等焊件时，多采用握笔法。

2）焊锡丝中含有一定比例的铅，而铅是一种对人体有害的重金属，因此操作时应该戴手套或在操作后洗手，避免食入铅尘。

3）第一次使用新电烙铁通电时，首先检查是否漏电，注意用电安全。要正确处理烙铁头焊面，先挫平，露出紫铜色，然后通电上助焊剂搪锡，使焊面为银白色。

4）焊接过程中不能振动或甩动电烙铁，冷却焊锡焊点时不能移动工件，焊面上多余的焊锡与杂质用有水的海绵清洗。

5）电烙铁使用以后，一定要稳妥地插放在烙铁架上，并注意导线等其他杂物不要碰到烙铁头，以免烫伤导线，造成漏电等事故。使用久后烙铁头焊面不平，要断电挫平，然后通电上助焊剂搪锡，使焊面为银白色。

6）焊接时掌握好温度，焊接温度一般在240℃～260℃较适宜，焊接中注意焊接的温度及松香发烟情况，烟细长温度小于200℃，达不到焊接温度；烟稍大且慢温度在230℃～250℃，用于PCB及小焊点；烟大且快温度在300℃～350℃，用于一般焊点；烟很大且有爆裂声温度高于350℃，不适宜焊接。焊接时间不宜过短或过长，一般为2～4s，大件时间可长一些。

7）在焊锡凝固之前不能动，切勿使焊件移动或受到振动，特别是用镊子夹住焊件时，一定要等焊锡凝固后再移走镊子，否则极易造成焊点结构疏松或虚焊。

8）焊锡用量要适中。

手工焊接常使用的管状焊锡丝，内部已经装有由松香和活化剂制成的助焊剂。焊锡丝的直径有0.5mm、0.8mm、1.0mm、…、5.0mm等多种规格，要根据焊点的大小选用。一般，应使焊锡丝的直径略小于焊盘的直径。

如图1.47（a）所示，过量的焊锡不但无必要地消耗了焊锡，而且增加焊接时间，降低工作效率。更为严重的是，过量的焊锡很容易造成不易觉察的短路故障。如图1.47（b）所示，焊锡过少也不能形成牢固的结合，同样是不利的。特别是焊接PCB引出导线时，焊锡用量不足，极容易造成导线脱落。适量焊锡与合适焊点如图1.47（c）所示。

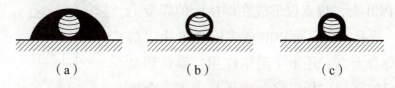

图1.47 焊点焊锡用量

（a）焊锡过多；（b）焊锡过少；（c）合适的锡量及合适的焊点

9）助焊剂用量要适中。适量的助焊剂对焊接非常有利。过量使用松香助焊剂，焊接后需要擦除多余的助焊剂，并且延长了加热时间，降低了工作效率。当加热时间不足时，又容易形成"夹渣"的缺陷。焊接开关、接插件的时候，过量的助焊剂容易流到触点上造成接触不良。合适的助焊剂用量应该是松香水仅能浸湿将要形成焊点的部位，不会透过PCB上的通孔流走。对使用松香芯焊丝的焊接来说，基本不需要再涂助焊剂。目前，PCB生产厂在电路板出厂前大多进行过松香水喷涂处理，无须再加助焊剂。

10）不要使用烙铁头作为运送焊锡的工具。有人习惯到焊接面上进行焊接，结果造成焊料的氧化。因为烙铁尖的温度一般在300℃以上，焊锡丝中的助焊剂在高温时容易分解失效，焊锡也处于过热的低质量状态。

（四）焊点质量及检查

1. 对焊点的质量要求

焊点应该具有可靠的电气连接、足够的机械强度、光洁整齐的外观，必须避免虚焊。

2. 虚焊产生的原因及其危害

（1）造成虚焊的主要原因

造成虚焊的主要原因如下：焊锡质量差；助焊剂的还原性不良或用量不够；被焊接处表面未预先清洁好，镀锡不牢；烙铁头的温度过高或过低，表面有氧化层；焊接时间掌握不好，太长或太短；焊接中焊锡尚未凝固时，焊接元器件松动。

（2）虚焊的危害

虚焊使焊点成为有接触电阻的连接状态，导致电路工作不正常，出现连接时好时坏的不稳定现象，噪声增加而没有规律性，给电路的调试、使用和维护带来重大隐患。此外，也有一部分虚焊点在电路开始工作的一段较长时间内，保持接触尚好，因此不容易发现。但在温度、湿度和振动等环境条件的作用下，接触表面逐步被氧化，虚焊点的接触电阻会引起局部发热，局部温度升高又促使不完全接触的焊点情况进一步恶化，甚至使焊点脱落，电路完全不能正常工作。

统计表明，在电子整机产品的故障中，有将近一半的故障是由焊接不良引起的。然而，要从一台有成千上万个焊点的电子设备中找出引起故障的虚焊点非常困难。所以，虚焊是电路可靠性的重大隐患，必须严格避免。

3. 典型焊点的形成及其外观

（1）典型焊点的形成

在单面PCB和双面（多层）PCB上，焊点的形成是有区别的。在单面PCB上，焊点仅形成在焊接面的焊盘上方，如图1.48（a）所示。在双面PCB或多层PCB上，熔融的焊料不仅浸润焊盘上方，还由于毛细作用，渗透到金属化孔内，焊点形成的区域包括焊接面的焊盘上方、金属化孔内和器件面上的部分焊盘，如图1.48（b）所示。

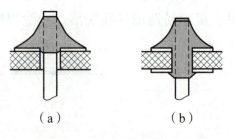

图1.48 典型焊点的形成

（a）单面PCB；（b）双面PCB

（2）典型焊点的外观

典型焊点的外观如图1.49所示。它具有以下特点：

1）形状为近似圆锥而表面稍微凹陷，呈漫坡状，以焊接导线为中心，对称成裙形展开。

2）焊点上，焊料的连接面呈凹形自然过渡，焊锡和焊件的交界处平滑，接触角尽可能小。

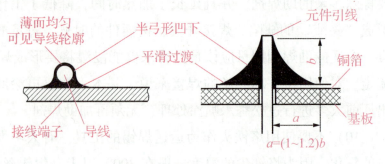

图1.49 典型焊点的外观

3）表面平滑，有金属光泽。

4）无裂纹、针孔、夹渣。

项目二

安装调试助听器

项目引入

我国目前已进入人口老龄化社会。部分老年人的听力不好，往往需要助听器。本项目我们制作一个具有放大声音信号功能的助听器。

能力目标

知识目标

1. 能描述三极管的结构、类型，输入、输出特性曲线和主要参数。
2. 能描述场效应管的类型和特点，场效应管的输入、输出特性，能描述场效应管的使用注意事项。
3. 能描述放大器的功能、共发射极放大器的组成和工作原理。
4. 能描述静态工作点的概念。
5. 能描述分压式偏置放大器的组成和工作原理。
6. 能描述多级放大器的4种耦合方式及其特点。
7. 能描述反馈的基本概念，能分析负反馈对放大器性能的影响。

技能目标

1. 能正确识别、检测、选用二极管。
2. 能仿真检测基本放大电路、多级放大电路、负反馈放大电路。

素养目标

1. 培养学生严谨、探究的科学素养。
2. 使学生养成爱护设备和工具的良好习惯。

 认识与检测三极管

半导体三极管又称晶体三极管、双极性三极管，简称三极管。三极管是电子电路的核心

器件，在模拟电路中主要用来放大电信号，掌握三极管的外形、结构、符号、特性及其主要参数是非常必要的。

工作任务描述

根据常用三极管的外观判断其极性。利用万用表检测三极管的极性，判断三极管的质量。利用仿真软件设计实验电路学习三极管的特性。

知识准备

一、三极管的结构、符号和类型

1. 结构和符号

三极管的基本结构就是在一块极薄的硅或锗基片上通过一定的工艺制作出两个PN结、三层半导体。

每层半导体上各引出一根引线就是三极管的3个电极，三极管的3个电极分别称为发射极e、基极b、集电极c，对应的每层半导体分别称为发射区、基区、集电区。发射区和基区交界的PN结称为发射结，基区和集电区交界的PN结称为集电结。

三极管的文字符号为VT，根据基片的不同可以把三极管分成NPN型和PNP型，NPN型和PNP型三极管图形符号的区别在于发射极箭头的方向不同，箭头的方向就是发射结正向偏置时电流的方向。

三极管的结构与符号如图2.1所示。

NPN型和PNP型三极管都具有以下特点：

1）发射区的掺杂浓度最高。

2）基区非常薄，掺杂浓度最低。

3）集电区的掺杂浓度比发射区的掺杂浓度稍低，集电结的面积比发射结的面积大。

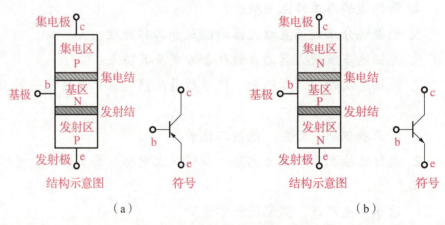

图 2.1　三极管的结构与符号

（a）PNP 型；（b）NPN 型

以上特点使三极管的发射极与集电极不能互换，在一定的条件下具有电流放大作用。

2. 类型

三极管的种类很多，具体介绍如下。

1）根据制造材料的不同，三极管分为硅管和锗管。硅管受温度影响小，性能稳定，应用广泛。

2）根据内部结构不同，三极管分为 NPN 型三极管和 PNP 型三极管。

3）根据工作频率不同，三极管分为低频管、高频管和超频管。

4）根据功率不同，三极管分为小功率管、中功率管和大功率管。其中，大功率管使用时需要加装散热器。

5）依据用途的不同，三极管分为普通三极管、开关三极管、光敏三极管等。

6）根据安装方式的不同，三极管的插件三极管和贴片三极管。

三极管的功率大小不同，其体积、封装不同。多数中小功率三极管采用金属外壳封装，现在多用硅酮塑料封装；大功率三极管多采用金属外壳封装，其集电极接管壳，做成螺栓型，便于与散热器连接。常用三极管的外形、封装与引脚排列如图 2.2 所示。

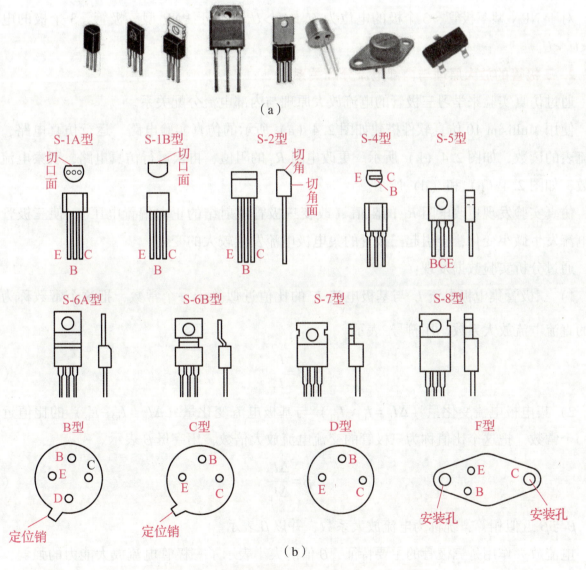

图 2.2 常用三极管的外形、封装与引脚排列

(a) 常用三极管的外形与封装；(b) 常用的三极管的引脚排列

二、三极管的电流放大作用

1. 三极管的工作电压

三极管具有电流放大作用的条件是发射极加正向偏置电压,集电极加反向偏置电压。NPN 型和 PNP 型管型不同,所加的电压极性也不同,如图 2.3 所示。

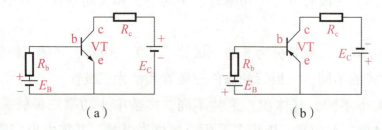

图 2.3　三极管的工作电压

(a) NPN 型;(b) PNP 型

对于 NPN 型三极管,3 个极的电位为 $U_C>U_B>U_E$;对于 PNP 型三极管,3 个极的电位为 $U_C<U_B<U_E$。

2. 三极管的放大原理与内部电流分配关系

通过仿真实验来学习三极管的电流放大原理与内部电流分配关系。

使用 Multisim 10 仿真软件搭建如图 2.4(a)所示的仿真实验电路。运行仿真电路,观察电流表的读数,如图 2.4(b)所示。更改电阻 R_b 的阻值,再次运行仿真电路,观察电流表的读数,如图 2.4(c)和(d)所示。

仿真实验发现更改电阻 R_b 的阻值(改变三极管发射结的正向偏置电压),使三极管的基极电流发生微小变化,会引起三极管的集电极电流发生较大的变化。

通过分析实验数据发现:

1) 三极管集电极电流 I_C 与基极电流 I_B 的比值近似等于一个常数,把这个常数称为三极管的直流电流放大系数,用符号 $\bar{\beta}$ 表示。

$$\bar{\beta}=\frac{I_C}{I_B} \tag{2.1}$$

2) 集电极电流变化量($\Delta I_C = I_{C2}-I_{C1}$)与基极电流变化量($\Delta I_B = I_{B2}-I_{B1}$)的比值近似等于一个常数,把这个比值称为三极管的交流电流放大倍数,用字母 β 表示。

$$\beta=\frac{\Delta I_C}{\Delta I_B} \tag{2.2}$$

$\bar{\beta}$ 与 β 近似相等,统称为电流放大系数,并以 β 表示。

电流放大作用是三极管的主要特征,β 值的大小表示了三极管电流放大能力的强弱,一般为 30~100,β 值太小,放大作用差;β 值太大,三极管性能不稳定。

通过分析仿真实验数据发现三极管的内部电流分配具有如下关系:

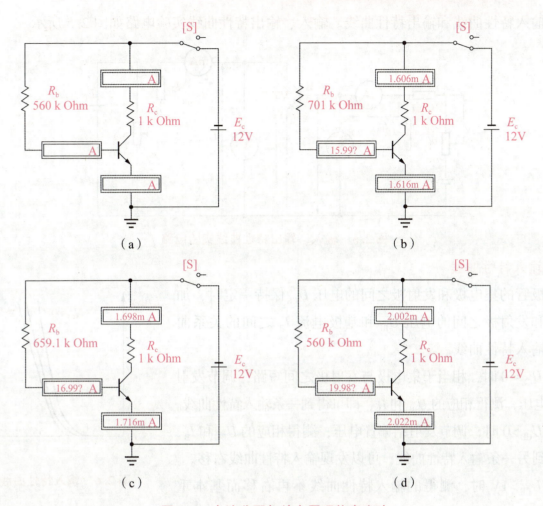

图 2.4　电流分配与放大原理仿真实验

（a）仿真实验电路；（b）运行中的仿真实验电路 1；（c）运行中的仿真实验电路 2；
（d）运行中的仿真实验电路 3

$$I_E = I_B + I_C$$

$$I_C = \beta I_B$$

$$I_E = I_C + I_B = \beta I_B + I_B = (1+\beta)I_B \approx I_C$$

知识总结

1. 三极管的基极电流很小，三极管的集电极电流是基极电流的倍，与发射极电流近似相等。

2. 三极管的基极电流发生微小变化，会引起三极管的集电极电流发生较大变化的现象称为三极管的电流放大作用。

3. 三极管电流放大的实质是基极电流微小的变化引起集电极电流较大的变化。

三、三极管的特性曲线

描述三极管各极的电压和电流变化关系的曲线称为三极管的特性曲线。三极管的特性曲线分为输入特性曲线和输出特性曲线。输入、输出特性曲线实验电路如图2.5所示。

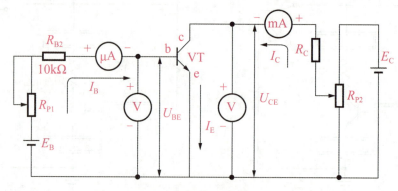

图2.5　输入、输出特性曲线实验电路

1. 输入特性曲线

三极管的集电极和发射极之间的电压 U_{CE} 保持一定时，加在基极和发射极之间的电压 U_{BE} 和基极电流 I_B 之间的关系曲线称为输入特性曲线。

当 $U_{CE}=0$ 时，相当于集电极与发射极之间短路，调节发射结偏置电压，测得相应的 U_{BE} 和 I_B，即可得到一条输入特性曲线。

当 $U_{CE}>0$ 时，调节发射结偏置电压，测得相应的 U_{BE} 和 I_B，即可得到另一条输入特性曲线，可以发现输入特性曲线右移。

当 $U_{CE}>1V$ 时，测得的输入特性曲线不再右移而基本重合，且与 $U_{CE}=1V$ 时测得的特性曲线非常接近，如图2.6所示。

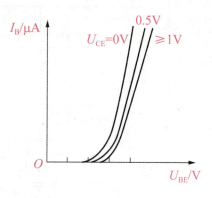

图2.6　输入特性曲线

知识总结

1. 在分析三极管时就用 $U_{CE}=1V$ 时的输入特性曲线。
2. 加在发射结的正偏电压只有大于死区电压时三极管才出现基极电流。
3. 硅管的死区电压约为0.5V，锗管的死区电压约为0.2V。

2. 输出特性曲线

当三极管基极电流 I_B 一定时，三极管的集电极电流 I_C 与集电极电压 U_{CE} 之间的关系曲线称为三极管的输出特性曲线。

当 I_B 一定时，调节集电极电阻，测得相应的 I_C 和 U_{CE}，即可得到一条输出特性曲线。

调节基极电流，就可以得到一组输出特性曲线，如图2.7所示。

从输出特性曲线簇可以看到，每条曲线都有上升、弯曲及平直部分。上升部分很陡，几乎重合在一起，而平直部分按 I_B 值由下往上排列，若 I_B 的值间距均匀，则相应的输出特性曲线的平行部分也是均匀的，且与横坐标接近平行。输出特性曲线与横坐标平行说明基极电流一定时，集电极电流在这一区域与集电极电压无关，即三极管具有恒流特性。

根据三极管的输出特性曲线，可以把它分成截止区、放大区、饱和区3个区域，如图2.8

所示。这 3 个区域对应着三极管的 3 种工作状态。

（1）截止区

$I_B=0$ 这一条曲线以下的区域。此时，发射极反偏或者发射结小于死区电压。$I_B=0$ 时，集电极有一个很小的集电极电流，称为穿透电流 I_{CEO}，它不受基极电流控制，与放大无关。

三极管在截止状态的特征是 $I_B=0$，$I_C\approx 0$；集电极与发射极之间相当于断路。

（2）放大区

输出特性曲线近似水平的部分，此时发射结正偏，集电结反偏。

三极管在截止状态的特征是 I_C 受 I_B 控制，I_B 改变时，I_C 也随之改变。I_C 的大小与 U_{CE} 基本无关，此时有 $\Delta I_C=\beta\Delta I_B$，因此放大区又称线性区。

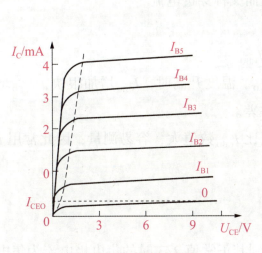

图 2.7　输出特性曲线

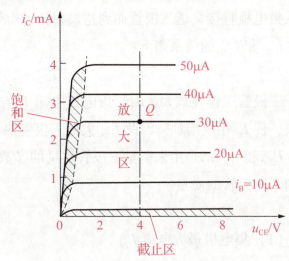

图 2.8　三极管的 3 个工作区域

（3）饱和区

输出特性曲线的左侧阴影区，包括曲线的上升部分与弯曲部分。

饱和的条件：发射结、集电结都处于正偏状态。

三极管在饱和状态的特征：U_{CE} 很小，I_C 不受 I_B 控制，三极管失去放大作用，集电极和发射极之间相当于一个接通的开关。

四、三极管的主要参数

1. 电流放大系数

（1）共发射极电路直流电流放大系数 $\bar{\beta}$

三极管集电极电流与基极电流的比值称为三极管的直流电流放大系数，用符号 $\bar{\beta}$ 表示。

（2）共发射极电路交流电流放大系数 β

共发射极放大电路集电极电流变化量与基极电流变化量的比值称为三极管的交流电流放大倍数，用符号 β 表示。三极管恒流特性好的时候，$\bar{\beta}$ 与 β 近似相等，统称为电流放大系数，

用符号 β 表示。

交流电流放大系数习惯上称为电流放大系数，是集电极电流的变化量与基极电流变化量的比值，用符号 β 表示。

2. 极间反向电流

（1）集电极-基极反向饱和电流 I_{CBO}

发射极开路时，集电极-基极反偏时的反向饱和电流称为集-基反向饱和电流，用 I_{CBO} 表示。I_{CBO} 越小越好，表示单向导电性好。硅管在 $1\mu A$ 以下，锗管在 $10\mu A$ 左右。

（2）集电极-发射极反向饱和电流 I_{CEO}

基极开路时，集电极-发射极反偏时的反向饱和电流称为集-射反向饱和电流 I_{CEO}，它好像是从集电极直接穿透三极管而到达发射极的电流，故而又称穿透电流。

I_{CEO} 和 I_{CBO} 的关系如下：

$$I_{CEO} = (1+\beta) I_{CBO}$$

三极管工作在放大区时，集电极电流 $I_C = \beta I_B + I_{CEO}$。温度升高时，$I_{CBO}$ 增加很快，I_{CEO} 增加更快，使 I_C 相应增加，因此 I_{CEO} 大的三极管热稳定性差。

I_{CEO} 和 I_{CBO} 都是用来衡量三极管质量的参数，I_{CEO} 比 I_{CBO} 数值大，容易测量，因此常用 I_{CEO} 来判断三极管的质量。

3. 极限参数

（1）集电极最大电流 I_{CM}

当集电极电流过大时，β 将会下降，规定 β 下降到其正常值 2/3 时的集电极电流为集电极最大电流 I_{CM}。

$I_C > I_{CM}$ 会使三极管的放大性能变差，如果 I_C 比 I_{CM} 大很多，则可能因耗散功率过大而损坏三极管。

小功率管的 I_{CM} 为几十毫安，大功率管的 I_{CM} 在几安以上。

（2）集电极-发射极反向击穿电压 $U_{(BR)CEO}$

基极开路时，加在集电极和发射极之间的最大允许工作电压称为反向击穿电压 $U_{(BR)CEO}$。

三极管在使用时，集电极电压应该小于 $U_{(BR)CEO}$，否则集电极电流就会急剧增加，造成集电结反向击穿，在高电压、大电流电路中，在发射极接一个小电阻以提高反向击穿电压。

温度升高时，$U_{(BR)CEO}$ 会降低。

（3）集电极最大允许耗散功率 P_{CM}

集电极电流流过集电结时会发热，使三极管的温度升高，因此 P_{CM} 是根据三极管的允许最高温度和散热条件来规定的。P_{CM} 与 I_C 和 U_{CE} 关系为

$$P_{CM} \geqslant I_C U_{CE}$$

P_{CM} 是三极管在常温且带有散热器时的值。根据三极管的 P_{CM} 可以定出其安全工作区，如图 2.9 所示。

五、三极管的检测

用万用表检测小功率三极管时，一般选用 $R \times 100$ 或 $R \times 1k$ 挡，检测大功率管时，一般选用 $R \times 10$ 挡。

1. 判别管型、确定基极

以黑表笔为准，红表笔接另外两个脚，当测得两个电阻值均较小时，黑表笔所接为基极，该管为 NPN 型。如果以红表笔为准，黑表笔接另外两个脚，当测得两个电阻值均较小时，红表笔所接为基极，该管为 PNP 型。指针式万用表找基极如图 2.10 所示。

2. 找集电极

假设一个集电极 c，如果管型为 NPN 型，就将黑表笔接假设的集电极 c，红表笔接假设的发射电极 e，用手捏住基极和集电极（两极不能相碰，相当于接一个小的电阻），仔细观察指针偏转情况，记下偏转位置；然后交换 c、e 引脚，重复刚才的过程，则指针偏转大的一次黑表笔接的引脚为集电极，如图 2.11 所示。

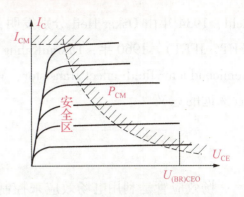

图 2.9　三极管的安全工作区

图 2.10　指针式万用表找基极

图 2.11　NPN 型找集电极

如果是 PNP 型，就将红表笔接假设的集电极，其余相同。

知识拓展

场效应管

一、历史

场效应晶体管（field effect transistor，FET），简称场效应管，1925 年由 Julius Edgar Lilienfeld、1934 年由 Oskar Heil 分别发明，1952 年制造出实用的器件，即结型场效应管（Junction-FET，JFET）。1960 年，DawanKahng 发明了金属氧化物半导体场效应晶体管（metal-oxide-semiconductor field-effect transistor，MOSFET），从而大部分代替了 JFET，对电子行业的发展有着深远的意义。

二、分类

场效应管是利用电场效应来控制电流的一种半导体器件，并以此命名。其特点是控制端基本不需要电流，且受温度、辐射等外界条件影响小，便于集成，应用广泛。场效应管分为结型和绝缘栅型两大类，它们都以半导体中的多子来实现导电，所以又称单极型晶体管。

FET 由各种半导体构成，目前硅是最常见的。大部分 FET 由传统块体半导体制造技术制造，使用单晶半导体硅片作为反应区，或沟道。

三、电极

场效应管是一种三端半导体元件，3 个引脚分别称为源极（source）、漏极（drain）和栅极（gate），分别大致对应双极型晶体管（BTJ）的基极（base）、集电极（collector）和发射极（emitter）。除 JFET 外，所有的 FET 均有第四端，称为体（body）、基（base）、块体（bulk）或衬底（substrate）。这个第四端可以将三极管调制至运行；在电路设计中，很少让体端发挥大的作用，但是当物理设计一个集成电路时，它的存在是很重要的。

四、结构特点

场效应管是一种电压控制器件，其基本原理是利用栅极电压控制漏极电流，实质上就是控制导电沟道电阻的大小。

三极管（双极型晶体管）通过对基极的载流子注入来控制半导体的电阻，在此期间，半导体导电段并未发生变化。而场效应管（单极型晶体管）中，传导电流的半导体电阻是通过外加电压来控制的，这个电压能影响半导体区域（沟道）的截面，图 2.12 为耗尽型 N 沟道场效应管。场效应管分 N 沟道和 P 沟道两类。其沟道的两个引出电极分别称为源极（S）和漏极（D），还有控制端称为栅极（G）。

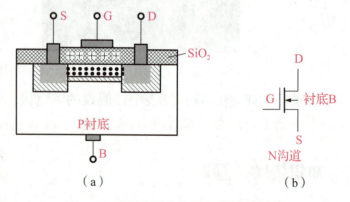

图 2.12 耗尽型绝缘栅场效应管结构

(a) 耗尽型 N 沟道绝缘栅场效应管结构；(b) 电路符号

由图 2.12 可见，场效应管是通过加在栅、源极之间的电压（电场）作用（效应）控制沟道截面，从而控制漏极电流大小的。尽管栅、源极之间加有电压，但栅极至沟道之间有绝缘层的隔离，并不出现控制电流，即输入电阻很高。

五、电压电流关系及主要参数

耗尽型场效应管在制作时已在源、漏极之间预先制成了一条原始沟道。图 2.13 是对耗尽型 N 沟道场效应管进行测试的电路，其伏安特性曲线如图 2.14 所示。

图 2.14 中 U_{DS} 为源漏极之间所加电压，U_{GS} 为栅源极之间所加电压，I_D 为漏极电流。测试结果如下：

1）当 $U_{DS}>0$ 时，即使 $U_{GS}=0$，$I_D \neq 0$ 且 I_D 的大小随 U_{GS} 的变化而变化。

2）在 U_{DS} 取较大值时保持 U_{GS} 为常数，即使 U_{DS} 变化，I_D 也保持不变，表现出恒电流特性。当 U_{GS} 为不同值时，重复上述过程，可得一组以 U_{GS} 为参量的 $I_D=f(U_{DS})$ 曲线。它们与三极管输出特性曲线有些类似。

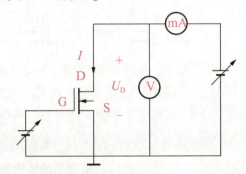

图 2.13　沟道耗尽型场效应晶体管测试电路

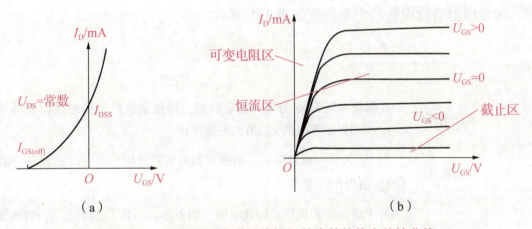

图 2.14　耗尽型 N 沟道绝缘栅场效应管的伏安特性曲线
(a) 转移特征；(b) 输出特征

3）当 $U_{GS}=0$ 时，$I_D \neq 0$。$U_{GS}>0$ 时，U_{GS} 越大，I_D 越大；$U_{GS}<0$ 时，U_{GS} 越小，I_D 越小。可见，U_{GS} 可以控制 I_D 的大小。

4）当 U_{GS} 负得足够多时，$I_D=0$。此时的 U_{GS} 称为夹断电压，以 U_P 表示。也就是说，当 $U_{GS} \leq U_P$ 时，$I_D=0$。

综上所述，可得出如下结论：

1）场效应管的漏极电流 I_D 受 U_{DS} 和 U_{GS} 的影响，即 $I_D=f(U_{DS}, U_{GS})$，U_{GS}、U_{DS} 能直接控制 I_D 的大小。因此，它是一种电压控制器件。只有在 $U_{GS}<U_P$ 时，$I_D=0$，U_{GS} 失去控制作用。

2）当 U_{DS} 较大时，U_{GS} 保持恒定，表现出明显的恒流特性。

上述两个 N 区间预先已形成导电沟道的场效应管称为耗尽型场效应管。如果场效应管的两个 N 区之间为预先形成导电沟道，那么当 $U_{GS}=0$ 时，$I_D=0$，管子不能导通。只有在栅极上施加足够大的正向电压使电场足够大，才能形成导电沟道，使管子导通，这种场效应管称为增强型场效应管。

另外，还有以 N 型半导体材料作为衬底制作的场效应管，在其中制作 P 型导电沟道，称为 P 沟道，它们也有增强型和耗尽型之分，这里不再赘述。

绝缘栅型场效应管有以下 4 种类型，其名称和符号如图 2.15 所示。

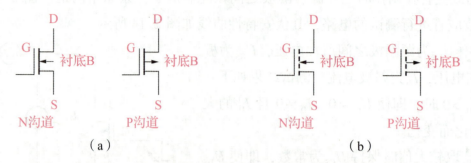

图 2.15　金属氧化物半导体场效应晶体管的电路符号

（a）增强型绝缘栅场效应管；（b）耗尽型绝缘栅场效应管

六、场效应管主要参数

结型、绝缘栅型场效应管的主要参数如表 2.1 所示。

表 2.1　结型、绝缘栅型场效应管的主要参数

参数	名称	说明
$U_{GS(off)}$	夹断电压	在漏极电压 UDS 为某一固定值时，增强型或耗尽型绝缘栅型场效应管的 I_D 小到近于零时的 U_{GS} 值为夹断电压
$U_{GS(th)}$	开启电压	当 U_{DS} 为某一确定值时，增强型场效应管开始导通（I_D 达到某一值）时的 U_{GS} 值为开启电压
I_{DSS}	饱和漏极电流	对于增强型和耗尽型场效应管，当 $U_{GS}=0$，且 $U_{DS}>|U_{GS(off)}|$ 时的漏极，即管子用作放大时的最大输出电流为饱和漏极电流。它反映了零偏压时原始沟道的导电能力
g_m	跨导	U_{DS} 为定值时，漏极电流变化量 I_D，与引起这个变化的栅、源电压变化量 ΔU_{DS} 之比，定义为跨导，单位为 μA/V

七、场效应管的使用

1）使用场效应管时，不得超出其规定值，特别是对于金属氧化物半导体管，由于 SiO_2 绝缘层的电阻非常大，栅极上即使感应出很少的电荷也难以泄放掉。尤其是极间电容小的管子，栅极上即使感应很少的电荷，栅源极间也会出现很高的电压，很可能将 SiO_2 绝缘层击穿，从而损坏管子。因此，管子使用前后栅源极间都必须保持一定的直流通路。

2）焊接时，先应用裸导线捆绕 3 个电极，使之短路，然后将电烙铁脱离电源，并接好地，以防感应电荷；保存管子时，也应将 3 个电极短路，以免损坏。

3）增强型场效应管可用万用表定性地检查，检查各PN结正反向电阻及漏源之间的电阻值。绝缘栅场效应管不能用万用表检查，必须用测试仪，而且要在接入测试仪后才能去掉各极短路线。取下时，应先短路再取下，关键在于避免栅极悬空。

4）在要求输入电阻较高的场合，必须采取防潮措施，以免由于湿度影响使场效应管的输入电阻降低。另外，陶瓷封装的芝麻型管有光敏特性，应注意避光使用。

八、场效应管和三极管的异同

场效应管与三极管性能的比较如表2.2所示。

表2.2 场效应管和三极管性能的比较

器件	三极管	场效应管
导电机构	两种载流子导电，为双极型器件	一种载流子导电，为单极型器件
控制方式	I_C受I_B控制，为电流控制器件	I_D受U_{GS}控制，为电压控制器件
类型	PNP型：硅管、锗管 NPN型：硅管、锗管	N沟道：结型、绝缘栅型耗尽型与增强型 P沟道：结型、绝缘栅型耗尽型与增强型
对应电极	a、b、c	S、G、D
输入电阻	低（$10^2 \sim 10^4 \Omega$）	极高（$10^7 \sim 10^{15} \Omega$）
放大参数	β（30~200）	g_m（0.1~20μA/V）
放大能力	较大	较小
电压极性	U_{BE}、U_{CE}为同极性	T_{GS}、U_{DS}增强型为同极性；耗尽型一般为反极性
温度影响	温度影响大	温度影响小，且存在一个零温度系数的工作点
噪声	较大	小
灵活性	c、e极不能互换使用，否则β大为下降；管子的U_{BE}不能改变极性	有的D、S极可互换使用，绝缘耗尽型得U_{GS}可正可负，灵活性强
保存方式	一般无特殊要求	应小心防止绝缘栅型管得栅源间被击穿
应用场合	广泛	作为高内阻信号源或低噪声放大器的输入级；适合环境条件变化大的场合；金属氧化物半导体场效应管适用于大规模集成电路

任务二　仿真检测基本放大电路

电子产品中常用放大电路来放大微弱的电信号，学习基本放大电路的组成，掌握放大电路的工作原理是非常必要的。

工作任务描述

利用仿真软件搭接基本放大电路，展示放大电路的特性，分析放大电路的工作原理。

知识准备

将微弱的电信号转变为较强的电信号的电路称为三极管放大电路，又称放大器。根据电路中三极管的连接方式不同，放大电路可以分为共发射极、共基极、共集电极 3 种类型，其中最常用的是共发射极放大电路。

一、共发射极放大电路的组成

放大电路必须保证三极管发射结正向偏置，集电结反向偏置，保证输入信号从放大电路的输入端加到三极管上，信号经过放大后又能从输出端输出。元件参数的选择要保证信号不失真地放大。NPN 型三极管组成的最基本的共发射极放大电路如图 2.16 所示。这个电路需要两个电源供电，而实际应用时一般采用单电源供电，利用基极偏置电阻从集电极电源获得基极偏置电压。

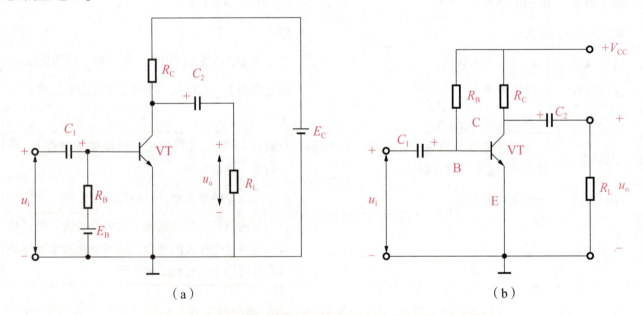

图 2.16 NPN 型三极管组成的最基本的共发射极放大电路
（a）共发射极放大电路传统画法；（b）共发射极放大电路习惯画法

（一）放大电路中各元件的作用

1. 三极管

三极管是放大器的核心元件，使集电极电流随基极电流进行相应的变化，具有电流放大作用。

2. 基极偏置电阻 R_B

基极偏置电阻 R_B 为三极管的基极提供合适的基极电流，为发射结提供必需的正向偏置电压，使三极管具有合适的静态工作点，R_B 一般取值为几十千欧到几百千欧。

3. 集电极负载电阻 R_C

集电极负载电阻把三极管的电流放大作用以电压放大的形式表现出来，其取值一般为几千欧到几十千欧。

4. 直流电源

直流电源通过集电极负载电阻 R_C 给三极管集电结提供反向偏压，通过基极偏置电阻 R_B 给三极管发射电结加正向偏压，使三极管工作在放大状态。同时，给三极管提供能源，使三极管用输入端能量较小的信号去控制输出端能量较大的信号。三极管不能创造能源，输出端的能源来源于电源。

5. 耦合电容 C_1 和 C_2

耦合电容隔直通交，即隔开放大器输入端与信号源、输出端与负载之间的直流通路，同时为放大器输入端与信号源、输出端与负载提供交流通路。C_1 和 C_2 为电解电容，取值为几微法到几十微法。

（二）直流通路与静态工作点

1. 直流通路

放大电路的输入、输出回路的直流电流流通的路径称为直流通路。直流通路就是放大电路的直流等效电路。直流通路的画法是将电容器视为断路，电感器视为短路，其余元件照画。基本放大电路的直流通路如图 2.17 所示。

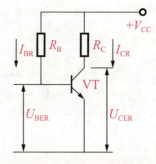

图 2.17 基本放大电路的直流通路

2. 静态工作点

放大器的输入信号为零，三极管的基极回路与集电极回路中只有直流电流通过时的状态称为静态。

当输入信号 $u_i = 0$ 时，三极管的基极电压、基极电流、集电极电流、集电极电压分别用 I_{BQ}、U_{BEQ}、I_{CQ}、U_{CEQ} 表示，I_{BQ}、U_{BEQ}、I_{CQ}、U_{CEQ} 的值分别对应三极管输入输出特性曲线上的某一点，称这一点为静态工作点，用字母 Q 表示。基本放大电路的静态工作点如图 2.18 所示。

由放大器的直流通路可以看出，选择合适的基极偏置电阻 R_B 是非常重要的，当 R_B 的阻值偏大时，基极电流会偏小，静态工作点偏低，在信号的负半周容易进入截至区产生截止失真，当 R_B 的值偏小时，基极电流会偏大，静态工作点偏高，在信号的正半周三极管容易进入饱和区产生截止失真。

如果去掉 R_B，即不设置静态工作点，静态时三极管工作在截止区，在信号的负半周或信号太小时三极管会进入截止区产生截止失真。

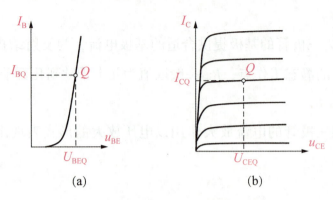

图 2.18 基本放大电路的静态工作点

(a) 输入特性曲线上的静态工作点；(b) 输出特性曲线上的静态工作点

二、交流通路与放大原理

1. 交流通路

交流通路就是动态时的放大电路的输入、输出回路中交流电流流通的路径。交流通路就是放大电路的交流等效电路，交流通路的画法就是将电容器视为短路，电感器视为断路，直流电源视为短路，其余元件照画。基本放大电路的交流通路如图 2.19 所示。

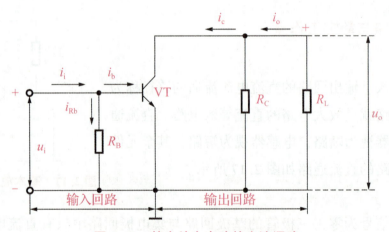

图 2.19 基本放大电路的交流通路

2. 放大原理

(1) 基极电压与基极电流的变化

动态时，输入信号 u_i 通过耦合电容加到三极管的发射结，与其直流电压 U_{BEQ} 叠加，此时基极总电压为 $u_{BE}=U_{BEQ}+u_i$（要求基极总电压大于三极管发射结的死区电压，使其发射结正偏导通），相应的基极总电流也是静态的基极偏置电流与输入信号引起的交变电流的叠加 $i_B=I_{BQ}+i_b$。

(2) 集电极电压与集电极电流的变化

根据基极电流对集电极电流的控制作用，有 $i_C=\beta i_B$，即 $i_C=\beta i_B=\beta(I_{BQ}+i_b)=\beta I_{BQ}+\beta i_b=I_{CQ}+i_c$。可见，集电极总电流也是由静态时的集电极电流 I_{CQ} 与交变的信号电流 i_c 叠加而成的，同样，集电极总电压也是由静态时的集电极电压 U_{CEQ} 与交变的信号电压 u_{ce} 叠加而成的，根据图 2.20 可以看出，$u_{CE}=E_C-i_C R_C$，当 $u_i=0$ 时，$U_{CEQ}=E_C-I_{CQ}R_C$，当输入信号 u_i 增加时，i_B、i_C

都随之增加，这时 u_{CE} 就会减小。当输入信号 u_i 减小时，i_B、i_C 随之减小，这时 u_{CE} 就会增加。可见，u_{CE} 的波形是在 U_{CEQ} 上叠加一个与 i_C 变化相反的交流电压 u_{ce} 而成的，即 $u_{CE}=E_C-i_CR_C=E_C-(I_{CQ}+i_c)R_C=E_C-I_{CQ}R_C-i_cR_C=U_{CEQ}-u_{ce}$，由于电容器的隔直作用，在放大器的输出端只有集电极总电压中的交流成分 u_{ce}，输出的交流电压为

$$u_o = u_{ce} = -i_c R_C \quad (\text{负号表示 } u_o \text{ 与 } i_c \text{ 相位相反})$$

放大电路电压、电流波形变化如图2.20所示。

放大电路工作在动态时，u_{BE}、i_B、i_C 和 u_{CE} 都是由直流与交流两个分量组成的。直流分量的值大于交流分量，因此三极管在整个交流信号的周期内都是导通的。

在共发射极电路中，输入信号 u_i 与 i_b、i_c 是同向的，输出信号 u_o 的波形幅度比输入信号 u_i 的

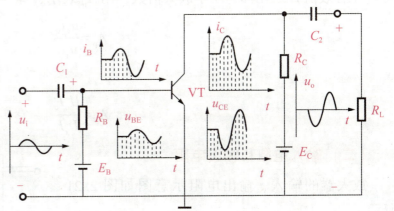

图2.20　放大电路电压、电流波形变化

波形幅度大，u_i 和 u_o 频率相同、相位相反，即共发射极放大器具有"反向"放大作用。

三、基本放大电路的主要性能指标

放大倍数是表示放大电路放大能力的指标。放大倍数分为电压放大倍数、电流放大倍数和功率放大倍数。

（一）放大倍数

1. 电压放大倍数 A_u

放大器输出电压变化量 u_o（交流成分）或 U_o（有效值）与输入电压变化量 u_i（交流成分）或 U_i（有效值）之比称为电压放大倍数，用 A_u 表示，即

$$A_u = \frac{u_o}{u_i} \qquad (2.3)$$

或

$$A_u = \frac{U_o}{U_i} \qquad (2.4)$$

2. 电流放大倍数 A_i

放大器输出电流变化量 i_o（交流成分）或 I_o（有效值）与输入电压变化量 i_i（交流成分）或 I_i（有效值）之比称为电流放大倍数，用 A_i 表示，即

$$A_i = \frac{i_o}{i_i} \qquad (2.5)$$

或

$$A_i = \frac{I_o}{I_i} \tag{2.6}$$

2. 功率放大倍数 A_p

放大器输出功率变化量 p_o（交流成分）或 P_o（有效值）与输入功率变化量 p_i（交流成分）或 P_i（有效值）之比称为功率放大倍数，用 A_p 表示，即

$$A_p = \frac{u_o i_o}{u_i i_i} \tag{2.7}$$

或

$$A_p = \frac{U_o I_o}{U_i I_i} \tag{2.8}$$

（二）输入电阻和输出电阻

放大器的输入、输出电阻示意图如图 2.21 所示。

1. 输入电阻

放大器的输入电阻就是从放大器的输入端看进去的等效电阻，用 R_i 表示。放大器接信号源时，输入电阻的大小可以表示为

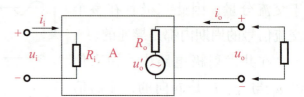

图 2.21 放大器的输入、输出电阻示意图

$$R_i = \frac{u_i}{i_i} \tag{2.9}$$

在实际应用中，要求输入电阻大一些，这样信号源电流小，提供的能量就少一些，对信号源影响较小。

2. 输出电阻 R_o

放大器的输出电阻就是从放大器输出端看进去的交流等效电阻，用 R_o 表示。放大器的输出回路可以看成一个具有一定内阻 R_o 的"电源"，这个内阻就是放大器的输出电阻。

在实际应用中，要求输出电阻小一些，输出电阻小，放大器带负载的能力就强，当负载变化时，对放大器输出的影响就小。

（三）通频带

放大器不能把所有频率的信号均匀地放大，频率过高或过低，放大器的放大倍数都会下降。放大器能正常放大的频率范围称为放大器的通频带，如图 2.22 所示。如果把正常放大的频率范围称为中频区，则信号频率下降使放大倍数下降到中频区时的 0.707 所对应的频率称为下限截止频率，用 f_L 表示。将因信号频率上升而使放大倍数下降到中频区时的 0.707 所对应的频率称为上限截止频率用 f_H 表示，则通频带可表示为

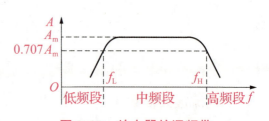

图 2.22 放大器的通频带

$$f_{bw} = f_H - f_L \tag{2.10}$$

知识拓展

基本放大电路的估算

一、近似估算静态工作点

根据基本放大电路的直流通路可知：

$$V_{CC} = I_{BQ}R_B + U_{BEQ} \tag{2.11}$$

即

$$I_{BQ} = \frac{V_{CC} - U_{BEQ}}{R_B} \tag{2.12}$$

硅材料三极管的 $U_{BEQ} \approx 0.7V$，与电源电压相比很小，可以忽略，因此式（2.12）可以写为

$$I_{BQ} \approx \frac{V_{CC}}{R_B} \tag{2.13}$$

根据三极管的电流分配关系 $I_C = \beta I_B + I_{CEO}$，忽略穿透电流 I_{CEO}，有

$$I_{CQ} \approx \beta I_{BQ} \tag{2.14}$$

根据直流通路的集电极回路，可得 $V_{CC} = U_{CEQ} + I_{CQ}R_C$，即

$$U_{CEQ} = V_{CC} - I_{CQ}R_C \tag{2.15}$$

根据 $U_{BEQ} \approx 0.7V$，$I_{BQ} \approx \frac{V_{CC}}{R_B}$，$I_{CQ} = \beta I_{BQ}$，$U_{CEQ} = V_{CC} - I_{CQ}R_C$ 即可估算出基本放大电路的静态工作点。

二、近似估算输入、输出电阻和电压放大倍数

1. 输入电阻和输出电阻的估算

（1）输入电阻的估算

三极管本身具有输入电阻 r_{be}，而从放大器输入端看进去时，放大器的输入电阻 R_i 就是 r_{be} 和 R_B 的并联值，即 $R_i = R_B // r_{be}$，如图2.23所示。

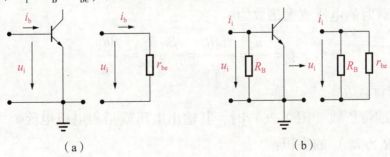

图 2.23 基本放大电路的输入电阻估算

（a）三极管的输入电阻 r_{be}；（b）基本放大电路的输入电阻 R_i

低频小功率三极管在共发射极连接且为小信号时，r_{be} 可以用经验公式求出：

$$r_{be} = 300 + (1+\beta) \frac{26\,(\text{mV})}{I_{EQ}\,(\text{mA})} \quad (2.16)$$

一般 I_{BQ} 为几毫安时，r_{be} 只有 $1\text{k}\Omega$ 左右，而 R_B 常为几十千欧到几百千欧，即 $R_B \gg r_{be}$，因此放大器的输入电阻可近似为 $R_i = r_{be}$。

（2）输出电阻的估算

放大器输出电阻 R_o 等于三极管的集-射极等效电阻 r_{ce} 和集电极负载电阻 R_C 的并联值，即 $R_o \approx r_{ce} // R_C$，如图 2.24 所示。

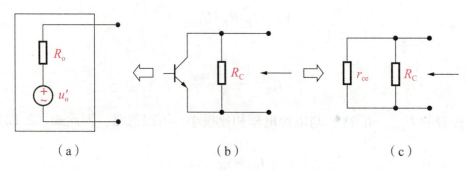

图 2.24　基本放大电路的输出电阻估算

当放大器中的三极管工作在放大区时，集-射极等效电阻 r_{ce} 很大，一般为几十千欧至几百千欧，而 R_C 一般是几千欧，即 $r_{ce} \gg R_C$，因此放大器的输出电阻可以近似为 $R_o = R_C$。

2. 电压放大倍数的估算

放大器的输出端在空载和带负载时其输出电压有所变化，对放大倍数有一定的影响。下面分别讨论这两种情况下的电压放大倍数。

（1）输出端不带负载

放大器的输出端不带负载时，其输出电压就是集电极电流 i_C 和集电极负载电阻 R_C 的乘积，而输出电压与输入电压反相，如图 2.25 所示。因此有

$$u_o = -i_C R_C \quad (2.17)$$

输入信号电压 u_i 为 i_i 和输入电阻 R_i 的乘积：

$$u_i = -i_i R_i \quad (2.18)$$

由于 $R_i \approx r_{be}$，$i_i \approx i_b$，故

$$u_i \approx i_b r_{be} \quad (2.19)$$

因此，不带负载时的电压放大倍数为

$$A_u = -\frac{u_o}{u_i} = -\frac{i_C R_C}{i_b r_{be}} = -\frac{\beta i_b R_C}{i_b r_{be}} = -\frac{\beta R_C}{r_{be}} \quad (2.20)$$

（2）输出端带负载 R_L

放大器的输出端带负载（图 2.26）时，其输出电压就是集电极电流 i_C 和集电极负载交流等效电阻 R_L'（$R_L' = R_L // R_C$）的乘积：

$$u_o = -i_C R_L' \quad (2.21)$$

因为输入信号电压不变，所以带负载时的电压放大倍数为

$$A_u = -\frac{u_o}{u_i} = -\frac{i_C R'_L}{i_b r_{be}} = -\frac{\beta i_b R'_L}{i_b r_{be}} = -\frac{\beta R'_L}{r_{be}} \qquad (2.22)$$

放大器的电压放大倍数在不带负载时最大；带负载后，集电极的交流等效电阻变小，因此电压放大倍数也会变小，而且负载电阻越小，放大器的电压放大倍数下降得越多。

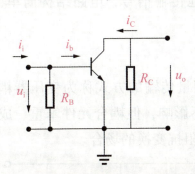
图 2.25　放大器输出端不带负载交流通路

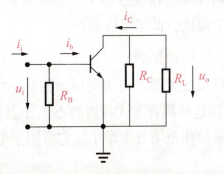
图 2.26　放大器输出端带负载交流通路

任务三　仿真检测多级放大器

实际生活中的电信号非常微弱，单级放大一般是不够的，这时需要用到多级放大电路将电信号逐级连续放大。学习运用多级放大电路是非常必要的。

工作任务描述

学习多级放大器的耦合方式，利用仿真软件搭接基本放大电路，展示放大电路的特性，分析多级放大器的工作原理。

知识准备

多级放大电路级与级之间的连接方式称为耦合，放大电路对耦合的要求：
1）保证电信号的级间顺利传输。
2）对前后级电路的静态工作点没有影响。
3）传输信号失真小，传输效率高。

一、多级放大电路的耦合方式

多级放大器常用的耦合方式有阻容耦合、变压器耦合、直接耦合与光电耦合等。

（一）阻容耦合

阻容耦合就是用电容、电阻把放大器前后两级电路连接起来。典型的阻容耦合放大电路如图 2.27 所示。

阻容耦合电路各级静态工作点彼此独立，能有效地传输信号，电路结构简单，成本低，只是不便于集成，低频特性差。

（二）变压器耦合

将前后级放大器之间用变压器连接，实现信号、能量传输的方式称为变压器耦合，如图 2.28 所示。这种耦合方式各级静态工作点相互独立互不影响，但耦合元件笨重、成本高且不能集成，故使用范围日渐缩小，它常用于电路要求进行阻抗变换的场合。

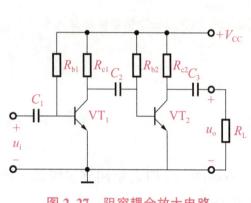

图 2.27　阻容耦合放大电路

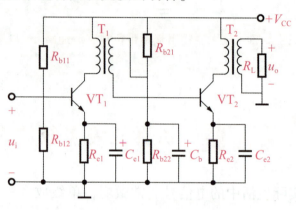

图 2.28　变压器耦合放大电路

（三）直接耦合

阻容耦合方式与变压器耦合方式都不能传输直流或变化极为缓慢的交流信号。将前一级输出端与后一级输入端直接（或经过电阻）连接，以实现信号和能量的传输，这种耦合方式称为直接耦合，如图 2.29 所示。

直接耦合放大电路结构简单，成本低，便于集成，低频特性好，但前后级静态工作点不独立，存在"零点漂移"现象。

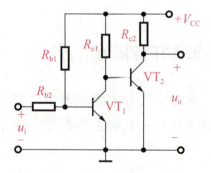

图 2.29　直接耦合放大电路

（四）光电耦合

运用发光器件和光敏器件将前后级进行连接实现信号传输的方式称为光电耦合。光耦合器（简称光耦）就是把发光器件（如发光二极体）和光敏器件（如光敏三极管）组装在一起，通过光线实现耦合，构成电—光和光—电的转换器件。光耦合器的种类很多，常用的三极管型光耦合器的内部结构如图 2.30（a）所示。当电信号施加到光耦合器的输入端时，发光二极管发光，光敏三极管受到光照后饱和导通，产生集电极电流；当输入端无信号时，发光二极管不亮，光敏三极管截止。光电耦合器应用电路如图 2.30（b）所示。

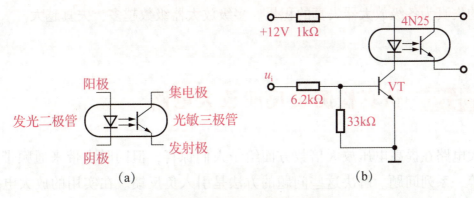

图 2.30 光耦合器及应用电路

（a）常用的三极管型光耦合器的内部结构；（b）光耦合开关电路

二、多级放大器的主要性能指标

（一）电压放大倍数

多级放大器是由若干个单级放大器组成的，设各级放大器的电压放大倍数依次为 A_{u1}，A_{u2}，…，A_{un}，则输入信号 u_i 经第一级放大后输出电压成为 $A_{u1}u_i$，经第二级放大后输出电压成为 $A_{u2}(A_{u1}u_i)$，依次类推，经 n 级放大后输出电压成为 $A_{u1} \cdot A_{u2} \cdots A_{un}u_i$。因此多级放大器总的电压放大倍数为各级电压放大倍数的乘积，即

$$A_u = A_{u1} \cdot A_{u2} \cdots A_{un} \tag{2.23}$$

由于共发射极放大器的倒相作用，共发射极多级放大器的奇数级输出信号与输入信号反相，偶数级输出信号与输入信号同相。

（二）输入输出电阻

第一级放大电路的输入电阻为多级放大器的输入电阻，最后一级放大电路的输出电阻为多级放大器的输出电阻。

（三）通频带

多级放大器的级数越多，在低频段和高频段的放大倍数下降越快，通频带就越窄。由完全相同的单级放大器接成两级放大器后通频带变窄，如图 2.31 所示。多级放大器提高电压放大倍数是以牺牲通频带为代价的。为了满足多级放大器通频带较宽的要求，必须把每一个单级放大器的通频带做得更宽一些。

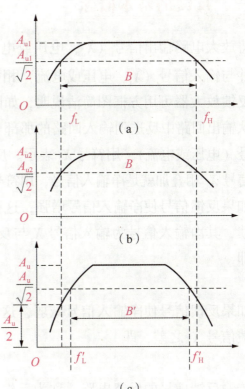

（四）非线性失真

每一级放大器都会有或多或少的失真，

图 2.31 两级放大器的频率特性（通频带变窄）

多级放大器的失真为各级放大器失真的积累。多级放大器级数越多，失真越大。

任务四　仿真检测负反馈放大电路

多级放大电路在提高电压放大倍数方面给予人们惊喜，但同时也带来通频带变窄、非线性失真变大等一系列问题。解决这些问题的方法是引入负反馈。在实用的放大电路中都会适当地引入负反馈，用以改善放大电路的性能。在自动调节系统中，也是通过负反馈来实现自动调节的。因此学习负反馈是非常必要的。

工作任务描述

本任务学习反馈的基本概念、常见的反馈类型及其判断方法；学会辨别负反馈放大电路的4种常见反馈类型。通过仿真检测负反馈放大电路学习负反馈对放大电路性能的影响。

知识准备

一、反馈的基本概念

将放大电路输出信号（X_o，电压或电流）的一部分或全部通过一定形式的电路送回输入回路并与输入信号（X_i，电压或电流）相叠加的过程称为反馈。

反馈放大器可用方框图简洁说明，如图2.32所示。

从输出回路中反送到输入回路的那部分信号称为反馈信号（电压或电流），用符号 X_f 表示。反馈信号 X_f 和输入信号 X_i 相叠加就是净输入信号，用符号 X_d 表示。

如果反馈信号使净输入信号增强，这种反馈就称为正反馈，其净输入信号为输入信号 X_i 与反馈信号 X_f 之和，即

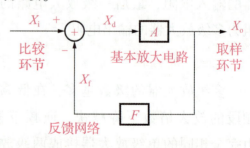

图2.32　反馈放大器方框图

$$X_d = X_i + X_f \tag{2.24}$$

如果反馈信号使净输入信号减弱，这种反馈就称为负反馈，其净输入信号为输入信号 X_i 与反馈信号 X_f 之差，即

$$X_d = X_i - X_f \tag{2.25}$$

传输反馈信号的反馈电路，称为反馈网络。反馈网络一般由电阻、电容元件构成。反馈网络用反馈系数来描述，用符号 F 表示。反馈信号 X_f 和输出信号 X_o 之比称为反馈系数，即

$$F=\frac{X_\mathrm{f}}{X_\mathrm{o}} \qquad (2.26)$$

没有引入反馈的放大器称为基本放大器，又称开环放大器，其放大倍数用字母 A 表示。基本放大器放大倍数 A 是输出信号 X_o 与净输入信号 X_d 之比，即

$$A=\frac{X_\mathrm{o}}{X_\mathrm{d}} \qquad (2.27)$$

引入反馈的放大器称为反馈放大器，又称闭环放大器，其放大倍数用字母 A_f 表示。反馈放大器放大倍数 A_f 是输出信号 X_o 与输入信号 X_i 之比，即

$$A_\mathrm{f}=\frac{X_\mathrm{o}}{X_\mathrm{i}} \qquad (2.28)$$

为了更好地研究负反馈放大器，也为了找出基本放大器与负反馈放大器之间的关系，下面推导负反馈放大器放大倍数的一般表达式。

结合反馈放大器方框图（图2.31），将式（2.25）~式（2.27）代入式（2.28）可以化简得到

$$A_\mathrm{f}=\frac{X_\mathrm{o}}{X_\mathrm{i}}=\frac{AX_\mathrm{d}}{X_\mathrm{d}+AFX_\mathrm{d}}=\frac{A}{1+AF} \qquad (2.29)$$

式（2.29）就是负反馈放大器放大倍数的一般表达式，反映开环与闭环放大倍数及反馈系数三者之间的关系。可见，闭环放大倍数 A_f 是开环放大倍数 A 的 $1/(1+AF)$。由于 $(1+AF)>1$，因此闭环放大倍数比开环放大倍数小，也就是负反馈放大器降低了开环放大器的放大倍数。

式（2.29）中 $1+AF$ 称为反馈深度，其值越大，负反馈越深。根据数学知识，当 $AF\gg1$ 时，可以推导出

$$|A_\mathrm{f}|\approx\left|\frac{1}{F}\right|=\frac{1}{F} \qquad (2.30)$$

若负反馈放大倍数如式（2.30）所示，这样的负反馈为深度负反馈。深度负反馈放大电路放大倍数只与反馈网络有关，而与基本放大电路（开环放大电路）无关。A 的数值越大，反馈越深，净输入信号 X_d 接近于反馈信号 X_f。

放大器引入负反馈后，放大倍数由原来的 A 变为 $A/(1+AF)$，即放大倍数降低，为什么放大倍数降低还是要引入负反馈呢？我们一起来探讨其中的奥秘吧。

二、反馈的分类及辨别

1. 反馈的分类

（1）正反馈与负反馈

如果反馈信号使净输入信号增强，这种反馈就称为正反馈。如果反馈信号使净输入信号减弱，这种反馈就称为负反馈。负反馈能改善放大电路的一些性能指标。正反馈会造成放大电路的工作不稳定，但在波形产生（即振荡）电路中要引入正反馈，以构成自激振荡的条件，将不在本任务展开。本任务主要讨论负反馈。

(2) 直流反馈与交流反馈

如果反馈信号中只有直流成分，这种反馈就称为直流反馈。如果反馈信号中只有交流成分，这种反馈就称为交流反馈。如果反馈信号中既有交流分量又有直流分量，则称为交直流反馈。直流反馈影响放大电路的直流性能，如静态工作点。交流反馈影响放大电路的交流性能，如增益、输入电阻、输出电阻和带宽等。

(3) 电压反馈与电流反馈

如果反馈信号取自输出电压，那么这种反馈称为电压反馈，其反馈信号正比于输出电压，如图 2.33 (a) 所示。如果反馈信号取自输出电流，那么这种反馈称为电流反馈，其反馈信号正比于输出电流，如图 2.33 (b) 所示。

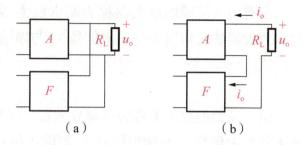

图 2.33 电压反馈与电流反馈
(a) 电压反馈；(b) 电流反馈

(4) 串联反馈与并联反馈

如果反馈信号在放大器输入端是以电压的形式出现，那么输入端必定与输入电路串联，这种反馈就称为串联反馈，如图 2.34 (a) 所示。如果反馈信号在放大器输入端是以电流的形式出现，那么输入端必定与输入电路并联，这种反馈就称为并联反馈，如图 2.34 (b) 所示。

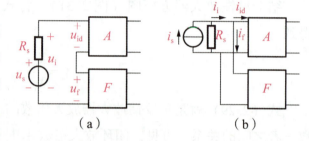

图 2.34 串联反馈与并联反馈
(a) 串联反馈；(b) 并联反馈

2. 反馈类型的判断

在分析实际反馈电路时，首先确认有无反馈，然后判断属于哪种类型的反馈。

(1) 有无反馈的判断

根据电路中是否有连接输出回路与输入回路的元件或支路，判断电路中有无反馈。

(2) 正负反馈判断

通常采用瞬时极性判断法来判断正负反馈。这种方法首先假设输入端信号的瞬时极性为"+"（用符号"+"表示电位升高，用"−"表示电位降低）；然后，根据三极管集电极瞬时极性与基极相反，发射极的瞬时极性与基极相同，以及电容、电阻等反馈元件不会改变瞬时极性的关系，逐级推算出各点的瞬时极性；最后，判断出反馈到输入端信号的瞬时极性。若反馈信号使净输入增加，则为正反馈，否则为负反馈。

在图 2.35 中，反馈元件是 R_E，设输入信号瞬时极性为"+"，基极电流和集电极电流瞬时增加，发射极电位瞬时极性为"+"，使净输入信号 u_{id} 减小，即反馈信号 u_f 起到削弱净输入信号的作用，因此为负反馈。

判断正负反馈的规律：对于共发射极放大电路，若反馈电路接基极，则反馈信号极性与输入信号极性相同为正反馈，相反为负反馈；若反馈电路接发射极，则反

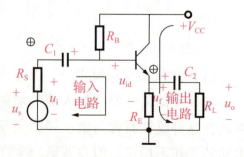

图 2.35 判断反馈类型

馈信号极性与输入信号极性相同为负反馈,相反为正反馈。

(3) 交流、直流反馈的判断

交流反馈与直流反馈分别反映了交流量和直流量的变化。因此,可以用通过观察反馈元件出现在哪种电流通路来判断。若反馈元件出现在交流通路中,就是交流反馈;若反馈元件出现在直流通路中,就是直流反馈。

(4) 电压、电流反馈的判断

电压、电流反馈的判断是根据反馈信号与输出信号之间的关系来确定的,若反馈信号与输出电压成正比就是电压反馈,与输出电流成正比就是电流反馈。经常采用负载 R_L 短路法判断。如果负载 R_L 短路使输出电压为 0 ($u_o=0$,$i_o \neq 0$),若此时反馈信号消失,则为电压反馈,反之为电流反馈。

(5) 串联、并联反馈的判断

串联、并联反馈的判断可以根据反馈信号与输入信号在基本放大器输入端的连接方式来判断,关键看输入端的连接方式。若反馈信号与输入信号串联接在基本放大器输入端,则为串联反馈。若反馈信号与输入信号并联接在基本放大器输入端,则为并联反馈。

判断串联反馈和并联反馈的规律:反馈信号与输入信号在不同节点为串联反馈,在同一个节点为并联反馈。对共发射极放大电路,若反馈电路接到发射极是串联反馈,接到基极是并联反馈。

下面应用上面所学习的知识一起来判断图 2.36 中的反馈类型。

步骤1:看看电路是否有反馈。图 2.36 中,R_f 为反馈元件。

步骤2:判断放大电路的正负反馈。根据三极管集电极瞬时极性与基极相反,发射极的瞬时极性与基极相同,以及电容、电阻等反馈元

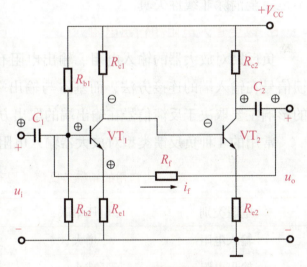

图 2.36 判断反馈类型

件不会改变瞬时极性的关系,逐级推算 R_f 反馈信号的瞬时极性为 "+",根据判断正负反馈的规律可知 R_f 引入为正反馈。

步骤3:电容 C_2 有隔直流通交流的功能,R_f 只在交流通路中,则为交流反馈。

步骤4:根据电压反馈和电流反馈判断规律,反馈取自输出端,则为电压反馈。

步骤5:根据串联反馈和并联反馈判断规律,反馈信号与输入信号在同一节点,则为并联反馈。因此,此图为电压并联交流正反馈。

三、负反馈对放大器性能的影响

1. 降低放大倍数

放大器引入负反馈后,虽然放大倍数由原来的 A 变为 $A/(1+AF)$,放大倍数有所下降,但

是其他方面的性能可以得到良好的改善。

2. 提高放大倍数的稳定性

放大器的放大倍数取决于晶体管及电路元件的参数，当元件老化或更换、电源不稳、负载变化及环境温度变化时，都会引起放大倍数的变化。因此，通常要在放大器中加入负反馈来提高放大倍数的稳定性。

3. 展宽通频带

由于电路电抗元件的存在，以及三极管本身结电容的存在，造成放大器放大倍数随频率变化，即中频放大倍数较大，而高频和低频放大倍数较小。这样放大器的通频带就比较窄。引入负反馈后，可以利用负反馈的自动调节作用将通频带展宽。

4. 减小非线性失真

非线性失真是由放大元件的非线性引起的。一个无反馈的放大器虽然设置合适的静态工作点，但是在输入信号较大时，输出信号仍会产生非线性失真。应当说明，负反馈可以减小放大器的非线性失真，但是其不能减小输入信号本身的失真。负反馈只是减小非线性失真，不是完全消除非线性失真。

5. 改变输入电阻和输出电阻

负反馈对放大器的输入电阻、输出电阻有影响。负反馈对输入电阻的影响主要取决于反馈信号在输入端的连接方法，而基本与输出端取出反馈信号的方式无关。负反馈对输出电阻的影响主要取决于反馈信号在输出端的取出方法，而基本与输入端的反馈电路连接方式无关。

常用的 4 种负反馈类型对放大器输入电阻、输出电阻的影响如表 2.3 所示。

表 2.3　常用的 4 种负反馈类型对放大器输入电阻、输出电阻的影响

电阻类别	电压串联	电压并联	电流串联	电流并联
输入电阻	增大	减小	增大	减小
输出电阻	减小	减小	增大	增大

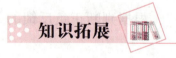

负反馈电路应用举例

一、分压式偏置电路

为了使放大器不失真地放大信号，我们需要设置合适的静态工作点 Q，但是放大器的静态工作点 Q 会在其他因素的影响下发生变化。

半导体材料的热敏特性使三极管受温度的影响很大，温度升高，三极管的穿透电流 I_{CEO} 增

大而使整个特性曲线上移,即温度的升高使静态工作点 Q 上移到接近饱和区 Q' 的位置,这样放大器容易出现饱和失真,如图 2.37 所示。

为了稳定静态工作点,通常采用具有电流负反馈作用的分压式偏置电路。在温度变化时,分压式偏置电路通过负反馈作用使集电极静态电流 I_{CQ} 稳定不变,从而稳定静态工作点。

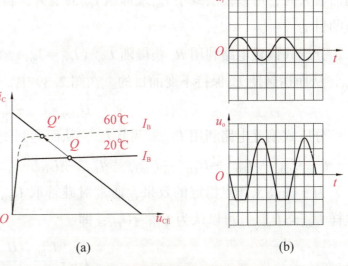

图 2.37 温度对静态工作点的影响

(a) 温度对静态工作点的影响;(b) 饱和失真

(一) 分压式偏置电路的组成

分压式偏置电路将基本放大电路中的基极偏置电阻 R_b 分成上、下偏置电阻 R_{b1}、R_{b2} 两部分,并在发射极回路增加电阻 R_e 和电容器 C_e。分压式偏置电路如图 2.38 所示。

分压式偏置电路的直流通路如图 2.39 所示。

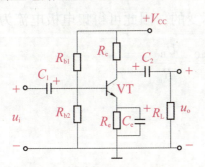
图 2.38 分压式偏置电路

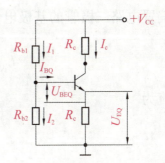
图 2.39 分压式偏置电路的直流通路

1. 利用 R_{b1}、R_{b2} 的分压固定三极管的基极电位 U_{BQ}

在图 2.39 中,因为 $I_2 \gg I_{BQ}$,所以 $I_1 \approx I_2$,因此三极管的基极电位 U_{BQ} 完全取决于电源 V_{CC} 和 R_{b1}、R_{b2} 的分压比例,即

$$U_{BQ} \approx \frac{R_{b2}}{R_{b1}+R_{b2}} V_{CC} \tag{2.31}$$

从式 (2.31) 可以看出,在 $I_2 \gg I_{BQ}$ 的条件下,U_{BQ} 的值不受三极管参数、温度的影响,只与电源 V_{CC} 和 R_{b1}、R_{b2} 的分压比例有关。

2. 利用 R_e 获得随 I_{EQ} 变化而变化的发射极电位 U_{EQ}

$$U_{EQ} = I_{EQ} R_e \tag{2.32}$$

(二) 分压式偏置电路的工作原理

温度对三极管的影响主要体现在集电极电流 I_{CQ} 的变化上,而 $I_{CQ} \approx \beta I_{BQ}$,当 I_{CQ} 因为温度升高而增大时，可以设法减小 I_{BQ} 来抑制 I_{CQ} 的上升，自动维持 I_{CQ} 不变，从而达到稳定静态工作点的目的。

分压式偏置电路利用 R_e 获得随 I_{EQ}（$I_{CQ} \approx I_{EQ}$）变化而变化的发射极电位 U_{EQ} 来自动调节 I_{BQ}，从而达到使 I_{CQ} 保持不变的目的。在图 2.39 中，由电压回路定律可得

$$U_{BEQ} = U_{BQ} - U_{EQ} \tag{2.33}$$

分压式偏置电路利用 U_{EQ} 来调节 I_{BQ}，从而达到使 I_{CQ} 保持不变的目的。其工作原理如下：

$$t \uparrow \to I_{CQ} \uparrow \to I_{EQ} \uparrow \to U_{EQ} \uparrow \to U_{BEQ} \downarrow \to I_{BQ} \downarrow \to I_{CQ} \downarrow$$

为了提高工作点稳定的效果，通常对硅管取 U_{BQ} =（3~5）V，锗管取 U_{BQ} =（1~3）V，这样 $U_{BQ} \gg U_{BEQ}$，可以认为 $U_{BQ} \approx U_{EQ}$，即

$$I_{EQ} = \frac{U_{EQ}}{R_e} \approx \frac{U_{BQ}}{R_e} \tag{2.34}$$

在式（2.34）中，U_{BQ}、R_e 是固定不变的，因此 I_{EQ} 也基本稳定不变。根据 $I_{CQ} \approx I_{EQ}$ 可以得出 I_{CQ} 只与 U_{BQ}、R_e 有关，而与温度无关，这样就基本上保持了静态工作点 Q 的稳定。

（三）分压式偏置电路的估算

1. 静态工作点的近似估算

分压式偏置电路三极管的基极电位 U_{BQ} 是固定不变的，因此可得集电极电流为

$$I_{CQ} \approx I_{EQ} = \frac{U_{BQ} - U_{BEQ}}{R_e} \approx \frac{U_{BQ}}{R_e} \tag{2.35}$$

基极电流为

$$I_{BQ} = \frac{I_{CQ}}{\beta} \tag{2.36}$$

集电极电压为

$$U_{CEQ} = U_{CC} - I_{CQ}R_c - I_{EQ}R_e = U_{CC} - I_{CQ}(R_c + R_e) \tag{2.37}$$

2. 电压放大倍数的近似估算

分压式偏置电路的交流通路如图 2.40 所示。

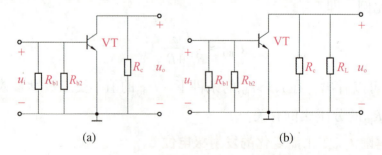

图 2.40 分压式偏置电路的交流通路

（a）不带负载时的交流通路；（b）带负载时的交流通路

（1）输出端不带负载

分压式偏置电路的输出端不带负载时，与共发射极基本放大电路的输出端不带负载时的

等效电路相同,因此,不带负载时的电压放大倍数为

$$A_u = -\frac{u_o}{u_i} = -\frac{\beta R_c}{r_{be}} \quad (2.38)$$

式中,$r_{be} = 300 + (1+\beta)\dfrac{26\text{（mV）}}{I_{EQ}\text{（mA）}}$

(2) 输出端带负载 R_L

分压式偏置电路的输出端带负载时,与共发射极基本放大电路的输出端带负载时的等效电路相同,因此带负载时的电压放大倍数也为

$$A_u = -\frac{u_o}{u_i} = -\frac{\beta R'_L}{r_{be}} \quad (2.39)$$

式中,$R'_L = R_L // R_c$。

在分压式偏置电路中 R_e 是反馈元件,与输入信号在不同节点,没有直接接输出端,根据前面的分析可知,R_e 能抑制 I_{CQ} 的变化,说明 R_e 引入的是电流串联负反馈。

在 R_e 的两端并联了一个大容量的电容 C_e,交流信号可以从电容器 C_e 通过,由于电容器的隔直作用,使其对静态工作点没有影响,经常称它为旁路电容。

通过上面的分析可知,R_e 只对直流信号起作用,即分压式偏置电路引入的是电流串联直流负反馈。

二、射极输出器

(一) 射极输出器的电路组成

射极输出器如图 2.41 所示。其中,集电极为输入、输出回路的公共端,因此射极输出器又称为共集电极放大电路。

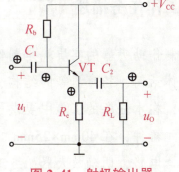

图 2.41 射极输出器

(二) 射极输出器中的负反馈

射极输出器中的反馈元件是 R_e,R_e 与输入信号在不同节点,直接接输出端,它把输出电压全部反馈回输入端的发射极,且与发射极的瞬时极性相同,因此射极输出器是电压串联负反馈。

1. 射极输出器的特点

(1) 反馈系数为 1

射极输出器把输出电压全部反馈回输入端,它的反馈系数为 1,属于深度负反馈。它的放大性能十分稳定。

(2) 电压放大倍数近似为 1

射极输出器的输出电压与输入电压大致相等,其电压放大倍数近似为 1,没有电压放大的

作用，只有电流放大的作用。

（3）输出电压与输入电压同相

射极输出器输出电压与输入电压同相，因此射极输出器又称射极跟随器。

（4）输入电阻大、输出电阻小

射极输出器是电压串联，由于电压反馈使输出电阻减小，串联反馈使输入电阻增加，因此射极输出器输入电阻大、输出电阻小。

（三）射极输出器的应用

1）作为多级放大器的输入级。射极输出器输入电阻大，作为多级放大器的输入级，可以提高输入电阻，减轻信号源的负担。

2）作为多级放大器的输出级。射极输出器输出电阻小，作为多级放大器的输出级，可以提高带负载的能力。

3）用作阻抗变换器。射极输出器的输入电阻大，对前级的影响小，它输出电阻小，对后级的影响也小，因此常用作阻抗变换器。

任务五　安装及调试助听器

听力不好的人群，特别是老年人可以通过助听器（即耳机放大器）达到恢复听力的目的。

工作任务描述

制作助听器的实质就是制作一个音频信号放大电路。在安装调试助听器之前，需要了解驻极体话筒、扬声器等的结构、工作原理。下面就一起来学习驻极体话筒、扬声器等的基本知识，在本任务的工单中要求根据助听器电路原理图，列所需元器件清单，使用万用表检测电子元器件，在40mm×25mm的电路板上正确插装与焊接稳压器元器件。安全进行检测、调试助听器电路，明确放大器始终工作在放大，而未失真。

知识准备

一、认识驻极体话筒

驻极体话筒又称驻极体传声器，是利用驻极体材料制成的一种特殊电容式声-电转换器件。其主要特点是体积小、结构简单、频响宽、灵敏度高、耐振动、价格低廉。

电子爱好者在制作或维修各种音响设备时，不可避免地要接触到驻极体话筒，掌握驻极体话筒的识别与正确使用方法是很有必要的。图2.42为常见驻极体话筒。

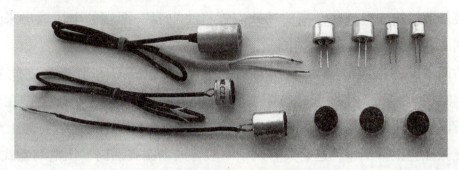

图 2.42　常见驻极体话筒

1. 结构及特点

驻极体话筒的内部结构如图2.43（a）所示，它主要由声-电转换和阻抗变换两部分组成。声-电转换的关键元件是驻极体振动膜片，它以一片极薄的塑料膜片作为基片，在其中一面蒸发上一层纯金属薄膜，再经过高压电场"驻极"处理后，在两面形成可长期保持的异性电荷，这就是"驻极体"（又称"永久电荷体"）一词的由来。

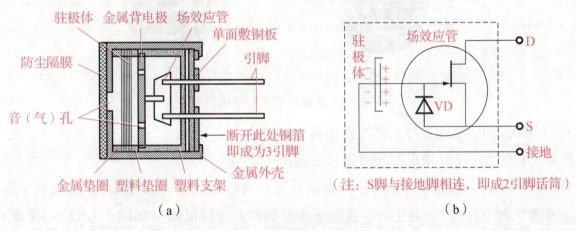

图 2.43　驻极体话筒的内部结构

（a）内部结构；（b）内部电路

振动膜片的金属薄膜面向外（正对音孔），并与话筒金属外壳相连；另一面靠近带有气孔的金属极板，其间用很薄的塑料绝缘垫圈隔开。这样，振动膜片与金属极板之间就形成了一个本身具有静电场的电容，可见驻极体话筒实际上是一种特殊的、无须外接极化电压的电容式话筒。金属极板与专用场效应管的栅极 G 相接，场效应管的源极 S 和漏极 D 作为话筒的引出电极。这样，加上金属外壳，驻极体话筒一共有3个引出电极，其内部电路如图2.43（b）所示。如果将场效应管的源极 S（或漏极 D）与金属外壳接通，就使话筒只剩下了2个引出电极。

2. 驻极体话筒工作原理

当驻极体膜片遇到声波振动时，就会引起与金属极板间距离的变化，也就是驻极体振动膜片与金属极板之间的电容随着声波变化，进而引起电容两端固有的电场发生变化（$U=Q/$

C),从而产生随声波变化而变化的交变电压。因驻极体膜片与金属极板之间的等效"电容"容量较小,其输出阻抗值[$X_C = 1/(2\pi f C\_)$]很高,故在话筒内接入了一只结型场效应管来进行阻抗变换。通过输入阻抗非常高的场效应管将"电容"两端的电压取出来,并同时进行放大,就得到了和声波相对应的输出电压信号。

驻极体话筒内部的场效应管为低噪声专用管,它的栅极 G 和源极 S 之间复合有二极管 VD,如图 2.43(b)所示,主要起"抗阻塞"作用。因为场效应管必须工作在合适的外加直流电压下,所以驻极体话筒属于有源器件,即在使用时必须给驻极体话筒加上合适的直流偏置电压,才能保证它正常工作,这是其有别于一般普通动圈式话筒、压电陶瓷式话筒之处。

3. 型号与引脚识别

驻极体的型号需查看厂家说明书或相关的参数手册才能确定,但只要体积和引脚数相同、灵敏度等参数相近,一般可以直接代换使用。驻极体话筒的引脚识别如图 2.44 所示。

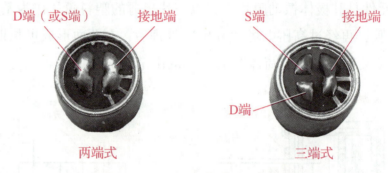

图 2.44 驻极体话筒的引脚识别

有 2 个焊点的驻极体,与金属外壳相通的焊点应为"接地端",另一焊点则为"电源/信号输出端"(有"漏极 D 输出"和"源极 S 输出"之分)。

对于有 3 个焊点的驻极体话筒,与金属外壳相通的焊点为"接地端",另外两个焊点分别为"S 端"和"D 端"。对于有引线而无法看到焊点的驻极体(如国产 CRZ2-9B 型),可通过引线来识别:屏蔽线为"接地端",屏蔽线中间的 2 根芯线分别为"D 端"(红色线)和"S 端"(蓝色线)。如果只有 1 根芯线(如国产 CRZ2-9 型),则该引线为"电源/信号输出端"。

4. 驻极体话筒的检测

(1)判断极性

对"两端式"的驻极体话筒,用指针式万用表的 $R \times 100$ 或 $R \times 1k$ 挡,黑、红表笔分别接两焊点,读一次电阻数值;然后对调两表笔后测量,再次读出电阻数值,并比较两次测量结果,阻值较小的一次中,黑表笔所接应为源极 S,红表笔所接应为漏极 D。S 与外壳相接的为漏极输出型;D 与外壳相接的源极输出型。

对"三端式"的驻极体话筒,使用相同挡位测量除与外壳相接的两焊点即可,方法同上。

(2)检测质量

驻极体话筒正常测得的电阻值应该是一大一小。如果正、反向电阻值均为 ∞,则说明话筒内部开路；如果正、反向电阻值均为 0，则话筒内部击穿或短路；如果正、反向电阻值相等，则内部二极管已经开路。驻极体话筒损坏时只能更换。

（3）检测灵敏度

将万用表拨至 $R\times100$ 或 $R\times1k$ 挡，黑表笔（万用表内部接电池正极）接被测两端式驻极体话筒的漏极 D，红表笔接接地端，此时万用表指针指示在某一刻度上，再用嘴对着话筒正面的入声孔吹一口气，万用表指针应有较大摆动。指针摆动范围越大，说明被测话筒的灵敏度越高。如果没有反应或反应不明显，则说明被测话筒已经损坏或性能下降。对于三端式驻极体话筒，黑表笔仍接被测话筒的漏极 D，红表笔同时接通源极 S 和接地端（金属外壳），然后按相同方法吹气检测即可。

以上检测方法是针对机装型驻极体话筒而言，对于带有引线插头的外置型驻极体话筒，可按照图 2.45 所示直接在插头上进行测量。但要注意，有的话筒上装有开关，测试时要将此开关拨至"ON"（接通）位置，而不能将开关拨至"OFF"（断开）的位置。否则，将无法进行正常测试。

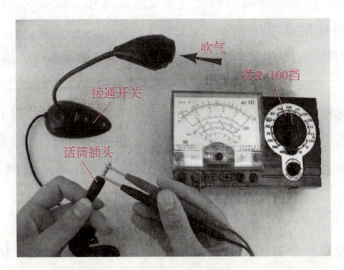

图 2.45 通过插头检测驻极体话筒（MF-50 型万用表）

二、认识扬声器

扬声器（loudspeakers）又称喇叭，是一种十分常用的电信号转换为声信号的器件，当音频电信号通过电磁、压电或静电效应时，使其纸盆或膜片振动并与周围的空气产生共振（共鸣）而发出声音。扬声器种类很多，价格也相差较大。按电-声换能机理和结构，扬声器可分为动圈式（电动式）、电容式（静电式）、压电式（晶体或陶瓷）、电磁式（压簧式）、电离子式和气动式等。其中，电动式扬声器具有电声性能好、结构牢固、成本低等优点，应用广泛。

1. 电动式扬声器的种类、结构和工作原理

电动式扬声器又分为电动式锥盆扬声器、电动式号筒扬声器和球顶式扬声器 3 种，这里只介绍电动式锥盆扬声器。

电动式锥盆扬声器由以下 3 部分组成：

1）振动系统，包括锥形纸盆、音圈和定芯支片等。
2）磁路系统，包括永久磁铁、导磁板和场心柱等。
3）辅助系统，包括盆架、接线板、压边和防尘盖等，其结构如图2.46所示。

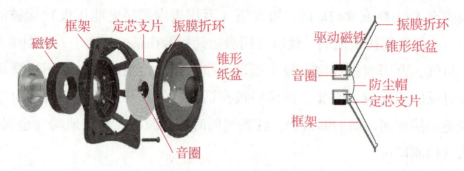

图2.46 电动式锥盆扬声器的结构

当处于磁场中的音圈有音频电流通过时，产生随音频电流变化的磁场，这一磁场和永久磁铁的磁场发生相互作用，使音圈沿着轴向振动，音圈带动锥形纸盆也轴向振动，纸盆的振动激励了周围空气振动，使扬声器周围的空气密度发生变化，进而发出声音。

2. 扬声器的主要性能指标

扬声器的主要性能指标有灵敏度、频率响应、额定功率、额定阻抗、指向特性及失真度等。

（1）额定功率

扬声器的功率有标称功率和最大功率之分。标称功率称为额定功率、不失真功率，它是指扬声器在额定不失真范围内容许的最大输入功率，在扬声器的商标、技术说明书上标注的功率即该功率值，如0.5W、2W等。最大功率是指扬声器在某一瞬间所能承受的峰值功率，是额定功率的2~3倍。

（2）额定阻抗

扬声器的阻抗一般与频率有关。额定阻抗是指音频为400Hz时，从扬声器输入端测得的阻抗。它一般是音圈直流电阻的1.2~1.5倍。一般动圈式扬声器常见的阻抗有4Ω、8Ω、16Ω、32Ω等。

（3）频率响应

给一只扬声器加上相同电压而不同频率的音频信号时，其产生的声压将会产生变化。一般中音频时产生的声压较大，低音频和高音频时产生的声压较小。当声压下降为中音频的某一数值时的高、低音频率范围，称为该扬声器的频率响应特性。

理想的扬声器频率特性应为20~20kHz，这样就能把全部音频均匀地重放出来，称为"高保真"声音，然而实际上扬声器是做不到"高保真"的，每一只扬声器只能较好地重放音频的某一部分。

（4）失真度

扬声器不能把原来的声音逼真地重放出来的现象称为失真。失真破坏了原来高低音响度的比例，改变了原声音色。失真分为频率失真和非线性失真两种。频率失真是由于对某些频率的信号放音较强，而对另一些频率的信号放音较弱造成的。而非线性失真是由于扬声器振动系统的振动和信号的波动不够完全一致造成的，在输出的声波中增加一新的频率成分。

（5）指向特性

指向特性用来表征扬声器在空间各方向辐射的声压分布特性，频率越高指向性越狭，纸盆越大指向性越强。

在选用扬声器时，不仅要考虑扬声器的以上性能指标，还应考虑扬声器的价格、实际应用场合等。

3. 电动式扬声器的检测

1）指针式万用表置于 $R\times 1$ 挡。

2）两根表笔分别接触扬声器音圈引出线的两个接线端，能看到指针偏转；还能听到明显的"咯咯"声响，表明音圈正常。声音越响，扬声器的灵敏度越高。

3）检测中若指针偏转，但无响声，说明音圈可能因变形而被卡死。若被测扬声器无声且万用表指针无偏转，则很有可能是扬声器音圈引出线开路或音圈已烧断。若为 0 且无声，说明线圈短路。

三、认识助听器电路

助听器电路由话筒、一级电压放大、电压电流放大电路和耳机等部分组成，如图 2.47 所示。驻极体话筒 MIC 作为换能器，它可以将声波信号转换为相应的电信号，并通过耦合电容 C_2 送至前置低放进行放大，R_1 是驻极体话筒 MIC 的偏置电阻，即给话筒正常工作提供偏置电压。VT_1、R_3、R_5 等元件组成一级电压放大电路，将经 C_2 耦合来的音频信号进行电压放大，放大后的音频信号经 R_4、C_1 加到电位器 R_P 上，电位器 R_P 用来调节音量。VT_2、VT_3 组成电压电流放大电路，将音频信号进行再次放大，使音频信号有足够能量推动耳机发出声音。

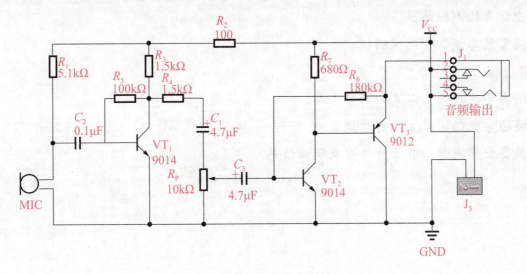

图 2.47 助听器电路图

项目三

安装调试金属探测仪

项目引入

在抗美援朝战争中,我志愿军战士为了减少伤亡,往往使用扫雷探测器进行扫雷。这种扫雷探测器就是金属探测器,其本质就是一个振荡电路。本项目我们一起制作一个金属探测仪。

能力目标

知识目标

1. 能描述正弦波振荡器的基本组成与正弦波振荡器产生自激振荡的条件。
2. 能描述 LC 与 RC 振荡器的工作原理。
3. 能描述石英晶体振荡器的结构和频率特性。
4. 能描述石英晶体振荡器的基本形式和工作原理。

技能目标

1. 能仿真检测振荡器。
2. 能安装与调试金属探测仪。

素养目标

1. 培养学生严谨、探究的科学素养。
2. 唤醒学生的国家主人翁意识。
3. 具备纪律意识、职业责任心及职业情感。

任务一 仿真检测振荡器

工作任务描述

研究将直流电能转换成具有一定频率、波形和振幅的交流信号的振荡电路的工作原理，用仿真软件仿真检测振荡器输出信号的波形与频率。

知识准备

一、振荡器的基本概念

在没有外来信号时，将直流电能转换成具有一定频率、波形和振幅的交流电能，输出交流信号的放大器称为振荡器。图 3.1 为振荡器的框图。

（一）振荡器的基本组成

振荡器的实质是正反馈放大器，主要由基本放大电路、选频网络、正反馈网络等环节组成。

1. 基本放大电路

基本放大电路保证电路有足够的放大倍数，把直流电能转换成交流电能。

图 3.1 振荡器的框图

2. 选频网络

选频网络选择电路的振荡频率，使电路产生单一频率的信号波形。

3. 正反馈网络

正反馈网络引入正反馈信号代替放大器的外输入信号，使电路在没有外输入信号的情况下有持续的输出信号，即产生自激振荡。

（二）产生自激振荡的条件

产生自激振荡必须同时满足相位平衡条件和幅度平衡条件。

1. 相位平衡条件

相位平衡条件是指放大器的反馈信号与输入信号同相位，即必须是正反馈。

2. 幅度平衡条件

幅度平衡条件是指反馈信号的幅度必须等于输入信号的幅度，即保证 $AF=1$，为了电路的起振，一般取 $AF \geq 1$（A 为放大倍数，F 为反馈系数）。

（三）振荡器的类型

根据输出信号波形的不同，振荡器分为正弦波振荡器和非正弦波振荡器。

常用的正弦波振荡器根据选频网络的不同分为 LC 振荡器、RC 振荡器和石英晶体振荡器等。

二、LC 振荡器

（一）LC 并联回路的选频特性

LC 振荡器是利用 LC 回路的并联谐振特性实现选频的。由电感 L 和电容 C 所组成的 LC 并联回路如图 3.2 所示。电感支路中的 R 是线圈不能忽略的等效损耗电阻。

LC 并联回路的阻抗 Z 会随信号频率的变化而变化。

当信号频率升高时，感抗 $X_L = 2\pi f L$ 增大，容抗 $X_C = \dfrac{1}{2\pi f C}$ 减小，两条支路并联，因此回路阻抗 Z 减小，LC 并联回路呈容性。

当信号频率下降时，虽然容抗增大，但感抗减小，回路阻抗 Z 仍然减小，电路呈感性。

当输入信号频率与 LC 回路的固有频率 $f_o = \dfrac{1}{2\pi\sqrt{LC}}$ 相等（$X_L = X_C$）时，电路发生并联谐振，其谱振频率为

$$f_o = \dfrac{1}{2\pi\sqrt{LC}} \tag{3.1}$$

LC 并联回路发生并联谐振时，回路阻抗最大且呈电阻性。在以回路阻抗为纵坐标、信号频率为横坐标的直角坐标系中，LC 并联回路阻抗 Z 随频率变化而变化的曲线称为阻抗频率特性曲线，如图 3.3 所示。

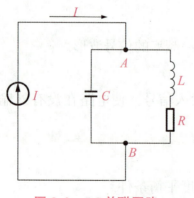

图 3.2　LC 并联回路

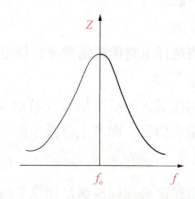

图 3.3　阻抗频率特性曲线

LC 振荡器是利用 LC 并联回路的并联谐振特性实现选频的。

（二）LC 振荡器

1. 变压器反馈式 LC 振荡器

变压器反馈式 LC 振荡器由共射极放大器、LC 选频网络和变压器反馈网络 3 部分组成，如图 3.4 所示。

LC 并联组成的选频网络作为放大器的负载，构成选频放大器。当 LC 并联电路在信号的频率为 $f_o = \dfrac{1}{2\pi\sqrt{LC}}$ 发生谐振时，电路的阻抗最大，呈纯阻性。电路接通电源的瞬间，频率为 0→∞ 的各种谐波信号中，

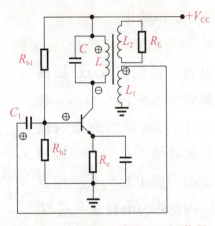

图 3.4 变压器反馈式 LC 振荡器

只有频率为 f_o 的信号才能让电路发生谐振，此时集电极回路输出的谐振电压最大，而其他偏移谐振频率 f_o 的信号都被抑制，因此 LC 电路具有选频的作用，放大器称为选频放大器。

反馈信号通过变压器线圈 L 和 L_1 间的互感耦合，由反馈网络 L_1 传送到放大器输入端。L_1 为反馈线圈，它引入的反馈满足正反馈，即相位平衡条件。改变 L_1 线圈的匝数，可以使放大器满足起振的振幅平衡条件。

变压器反馈式 LC 振荡器的振荡频率一般在几兆赫兹至十几兆赫兹，常用于产生低频信号。

2. 电感反馈三点式 LC 振荡器

电感反馈三点式 LC 振荡器电路如图 3.5（a）所示。在图 3.5（b）所示的交流通路中，三极管的 3 个引脚分别与并联谐振回路电感的 3 个端点相连，因此称为电感三点式 LC 振荡电路。L 为有抽头的电感，反馈信号由 L_2 提供，由图 3.5 可见，反馈信号满足相位平衡条件，改变 L_2 抽头的位置，可以让信号满足振幅平衡条件。当电感器的总电感量为 L 时，电路输出信号的频率为 $f_o = \dfrac{1}{2\pi\sqrt{LC}}$。

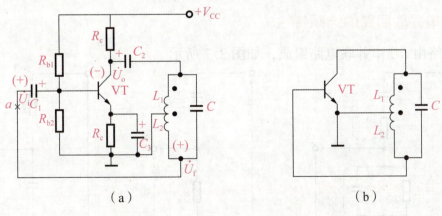

图 3.5 电感反馈三点式 LC 振荡器电路

(a) 电感三点式 LC 振荡器电路；(b) 交流通路

电感反馈三点式 LC 振荡电路的输出频率一般为数十千赫兹至 100MHz。它的结构简单、

调试方便，但输出波形较差。

3. 电容反馈三点式 LC 振荡器

电容反馈三点式 LC 振荡器电路如图 3.6（a）所示。在图 3.6（b）所示的交流通路中，三极管的 3 个引脚分别与并联谐振回路电容的 3 个端点相连，因此称为电容三点式 LC 振荡电路。反馈信号由 C_2 提供，由图 3.6 可见，反馈信号满足相位平衡条件，改变 C_2 的电容量，可以让信号满足振幅

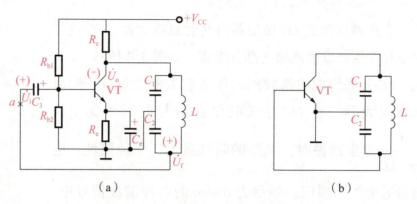

图 3.6 电容反馈三点式 LC 振荡器

（a）电容反馈三点式 LC 振荡器电路；（b）交流通路

平衡条件。当电容器的总电容量为 C 时，电路输出信号的频率为 $f_o = \dfrac{1}{2\pi\sqrt{LC}}$。

电容反馈三点式 LC 振荡电路的输出频率为数十千赫兹至数百兆赫兹，输出波形优于电感反馈三点式 LC 振荡电路，常用于产生高频信号。

三、RC 振荡器

LC 振荡器的输出频率由 $f_o = \dfrac{1}{2\pi\sqrt{LC}}$ 决定，若要获得频率低的输出信号，需要加大 LC 的值，这样会增加振荡器的体积，因此在高频信号发生器中，常采用 LC 振荡器；在低频信号发生器中，常采用 RC 振荡器。RC 振荡器的工作原理与 LC 振荡器相同，两者的区别是 RC 振荡器用 RC 选频网络代替了 LC 振荡器的 LC 选频回路。

（一）RC 串并联回路的选频特性

RC 选频网络由 RC 串并联电路组成，如图 3.7 所示。

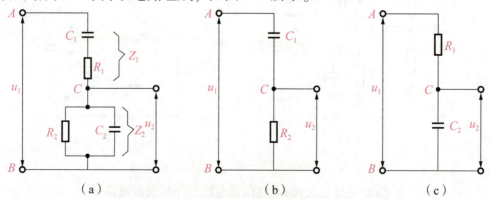

图 3.7 RC 串并联选频网络及等效电路

（a）RC 串并联选频网络；（b）低频等效电路；（c）高频等效电路

设幅度恒定的正弦信号电压 u_1 从 RC 串并联电路的 A、B 两端输入，经选频后的电压 u_2 从 C、B 两端输出。下面分析 RC 串并联电路的幅频特性与相频特性。

1. RC 串并联回路的幅频特性

在 RC 串并联回路中，当输入信号频率较低时，C_1、C_2 的容抗均很大。在 R_1、C_1 串联部分，$X_{C_1} = \dfrac{1}{2\pi f C_1} \gg R_1$，因此在 C_1 上的分压大很多，R_1 上的分压可忽略，在 R_2、C_2 并联部分 $X_{C_2} = \dfrac{1}{2\pi f C_2} \gg R_2$，流过 R_2 的电流量比流过 C_2 的电流大得多，C_2 上的分流量可忽略。在低频信号时 RC 串并联网络可以等效为图 3.7（b）所示的低频等效电路。从低频等效电路可以看出，频率越低 C_1 容抗越大，R_2 分压越少，输出信号 u_2 的幅度越小。

在 RC 串并联回路中，当输入信号频率较高时，C_1、C_2 的容抗均很小。在 R_1、C_1 串联部分，$X_{C_1} = \dfrac{1}{2\pi f C_1} \ll R_1$，此时在 C_1 上的分压忽略，在 R_2、C_2 并联部分 $X_{C_2} = \dfrac{1}{2\pi f C_2} \ll R_2$，流过 R_2 的电流量比流过 C_2 的电流小得多，R_2 上的分流量可忽略。在高频信号时 RC 串并联网络可以等效为图 3.7（c）所示的高频等效电路。从高频等效电路可以看出，频率越高 C_2 容抗越小，C_2 分压越少，输出信号 u_2 的幅度越小。

RC 串并联电路的幅频特性曲线如图 3.8 所示。可见，RC 串并联电路只有输入信号的频率等于谐振频率 f_0 时，输出电压幅度最大。只要信号的频率偏离谐振频率 f_0，输出电压幅度迅速减小，这就是 RC 串并联网络的选频特性。

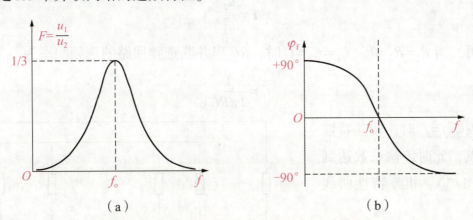

图 3.8　RC 串并联选频网络的频率特性曲线

（a）幅频特性曲线；（b）相频特性曲线

2. RC 串并联回路的相频特性

在 RC 串并联回路中，当信号频率较低时低到接近于零时，C_1、C_2 容抗接近无穷大，在 R_2、C_2 并联部分，流过 C_2 上的电流可忽略，C_2 对 R_2 相当于开路，此时 RC 串并联电路可以等效为 R_2、C_1 组成的串联电路，由于电容器 C_1 的容抗 $X_{C_1} = \dfrac{1}{2\pi f C_1} \to \infty$，使该串联电路接近于纯电容电路，电流的相位超前于电压 u_1 的相位 90°。输出电压 u_2 的相位与电流同相位，因此

输出电压 u_2 的相位也超前 u_1 的相位 90°。

随着信号频率的升高，RC 串并联电路将从纯电容电路过渡到 RC 串联容性电路，u_2 超前 u_1 的相位角将相应减小。

当信号频率升高到谐振频率 f_0 时，相位角减小到零，u_2 与 u_1 同相位。

当输入信号频率上升到接近于无穷大时，电容器 C_1、C_2 容抗近似为零，相当于短路，RC 串并联回路等效为 R_1、C_2 组成的串联电路，呈现纯电阻特性，此时电流 i 与 u_1 同相位。但在 R_2、C_2 的并联回路中，$X_{C_2} = \dfrac{1}{2\pi f C_2} << R_2$，$R_2$ 相当于断路，该并联电路接近于纯电容电路，此时电容器的端电压（u_2）的相位滞后流过电容器的电流 i 的相位 90°，即输出电压 u_2 的相位滞后输入电压 u_1 的相位 90°。

随着输入信号频率的降低，u_2 与 u_1 的相位角也会减小，当 f 降低到等于谐振频率 f_0 时，输出电压 u_2 与输入电压 u_1 同相位。

RC 串并联电路输出电压 u_2 与输入电压 u_1 之间的相位，随频率的变化而变化的关系，称为 RC 串并联选频网络的相频特性。RC 串并联选频网络的相频特性曲线如图 3.8（b）所示。

从 RC 串并联选频网络的频率特性曲线可知，当输入信号频率 f 等于 RC 回路的固有频率 f_0 时，输出电压 u_2 幅度最大，且与输入信号电压 u_1 同相，这就是 RC 串并联选频网络的选频原理。

将输出电压与输入电压之比称为传输系数，用 F 表示，即

$$F = \frac{u_2}{u_1} \tag{3.2}$$

实践证明，当 $R_1 = R_2 = R$，$C_1 = C_2 = C$ 时，RC 串并联选频回路的选频频率为

$$f_0 = \frac{1}{2\pi RC} \tag{3.3}$$

当信号频率 $f = f_0$ 时，幅频特性曲线达最高点，此时传输系数达到最大值（$F = 1/3$），相频特性曲线通过零点。

（二）RC 正弦波振荡器

常用的 RC 正弦波振荡器如图 3.9 所示。其主要由 RC 选频反馈网络和两级阻容耦合放大器组成。VT_1、VT_2 组成两级基本放大电路，R_1、R_2、C_1、C_2 组成选频网络。

当 $R_1 = R_2 = R$、$C_1 = C_2 = C$ 时，

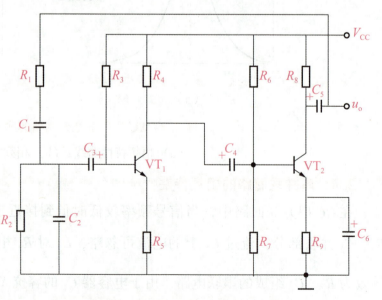

图 3.9　常用的 RC 正弦波振荡器

输出正弦波信号的频率为 $f_o = \dfrac{1}{2\pi RC}$。

知识拓展

石英晶体振荡器

一、石英晶体振荡器

1. 石英晶体的压电效应

天然石英是六棱形结晶体，其化学成分是 SiO_2，具有稳定的物理和化学性能。经正确切割后的石英晶片，在其两侧施加压力后，晶片的两侧平面上会分别出现数量相等的正负电荷。如果给石英晶片的两侧加上直流电压，石英晶片的两侧平面将产生膨胀或压缩。对石英晶片施加交流电，石英晶片产生振动；反之，给石英晶片施加周期性的机械力，使它振动，则在晶片两极会出现相应的交流电压，这就是石英晶体的压电效应。

2. 石英晶体的压电谐振

为石英晶片加交流电压时，晶片就会产生微小的机械振动，当外加交流电压的频率为某一特定值时，其振动的幅度会突然增大很多，这种现象称为石英晶体的压电谐振。这个特定的频率值称为石英晶体的固有谐振频率。

3. 石英晶体振荡器

在石英晶片的两侧喷上金属薄层并引出两个电极，再用金属外壳封装，就组成了石英晶体振荡器，简称晶振。石英晶体振荡器的外形如图 3.10 所示。

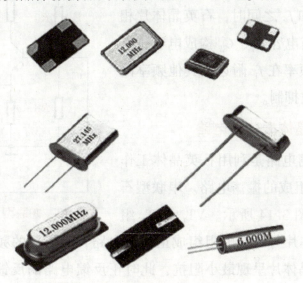

图 3.10 石英晶体振荡器的外形

4. 石英谐振器的等效电路及频率特性

石英晶体振荡器的图形符号和等效电路如图 3.11 所示。石英晶体振荡器有两个谐振频率，一个是 L、R、C 串联支路的串联谐振频率 f_s，另一个是并联回路的谐振频率 f_P。石英晶体振荡器的固有谐振频率与石英晶体振荡器中晶体的几何尺寸有关，它的频率稳定性很高。石英晶体振荡器的频率特性关系曲线如图 3.12 所示。

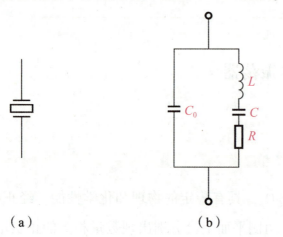

图 3.11　石英晶体振荡器的图形符号和等效电路
(a) 图形符号；(b) 等效电路

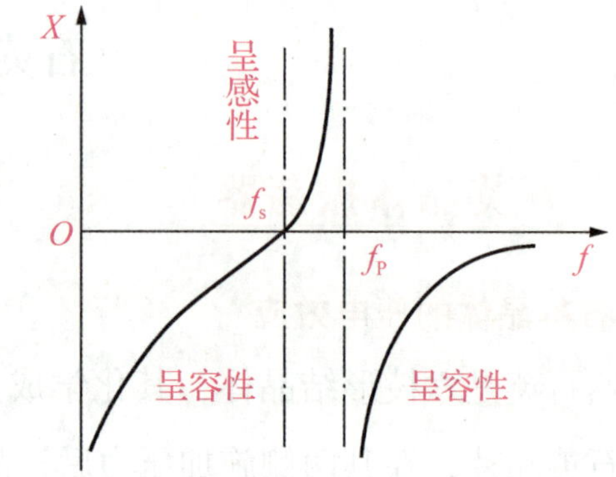

图 3.12　石英晶体振荡器的频率特性关系曲线

二、石英晶体振荡电路

用石英晶体振荡器组成的振荡电路可近似工作于串联谐振频率处，也可近似工作于并联谐振频率处，因此石英晶体振荡电路可分为串联型石英晶体振荡电路和并联型石英晶体振荡电路两类。

（一）并联型石英晶体振荡电路

并联型石英晶体振荡器电路原理如图 3.13 所示，当信号的频率在 f_s 和 f_P 之间时，石英晶体片相当于一个电感线圈，它与电容 C_1、C_2 构成电容三点式振荡电路。它的振荡频率在 f_P 附近，其他频率因不能使晶体呈现感性而被抑制。

（二）串联型石英晶体振荡器电路

串联型石英晶体振荡电路是利用石英晶体工作于 f_s 时阻抗最小的特点组成的振荡电路。串联型石英晶体振荡电路原理如图 3.14 所示。VT_1、VT_2 组

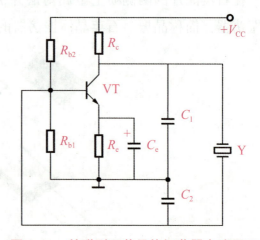

图 3.13　并联型石英晶体振荡器电路原理

成两级放大器，石英晶体片与可调电阻组成正反馈电路，当信号的频率等于石英晶体片的串联谐振频率 f_s 时，石英晶体片呈现最小阻抗，此时正反馈电路的反馈信号最强，能满足振荡器的振幅平衡条件，而其余偏移频率 f_s 的信号石英晶体的阻抗很大，振荡器不能满足振幅平衡条件，因此被抑制。

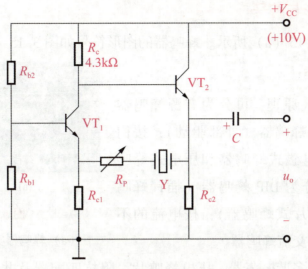

图 3.14　串联型石英晶体振荡电路原理

任务二　安装及调试金属探测仪

安检、扫雷、探测地下是否有金属时会用到金属探测仪。

工作任务描述

下面首先学习金属探测仪中常用的元器件——蜂鸣器的知识,然后认识金属探测仪的电路。在本任务的工单中要求根据金属探测仪电路图列出所需元器件清单,使用万用表检测电子元器件,在66mm×61mm的电路板上设计合理的装配图,在电路板上正确插装与焊接金属探测仪元器件。安全进行检测、调试金属探测仪电路,理解电路工作原理。

知识准备

一、认识蜂鸣器

蜂鸣器是一种一体化结构的电子讯响器,其外形小巧、能耗低、工作稳定、驱动电路简单、安装方便、经济实用,因而广泛应用于计算机、打印机、复印机、报警器、电子玩具、汽车电子设备、定时器等电子产品中作为发声器件。蜂鸣器在电路中用字母"H"或"HA"(旧标准用"FM""LB""JD"等)表示。

（一）蜂鸣器的外形与符号

蜂鸣器的外形如图 3.15（a）所示。蜂鸣器的图形符号如图 3.15（b）所示。

（二）蜂鸣器的种类

蜂鸣器按其驱动方式原理，可分为有源蜂鸣器（内含驱动线路）和无源蜂鸣器（外部驱动）；按构造方式的不同，可分为电磁式蜂鸣器和压电式蜂鸣器；按封装的不同，可分为 DIP 蜂鸣器（插针蜂鸣器）和 SMD 蜂鸣器（贴片式蜂鸣器）；按电流的不同，可分为直流蜂鸣器和交流蜂鸣器。

图 3.15 蜂鸣器

（a）蜂鸣器实物；（b）图形符号

压电式蜂鸣器主要由多谐振荡器、压电蜂鸣片、阻抗匹配器及共鸣箱、外壳等组成。其中，多谐振荡器由晶体管或集成电路构成，当接通电源后（1.5~15V 直流工作电压），多谐振荡器起振，输出 1.5~2.5kHz 的音频信号，阻抗匹配器推动压电蜂鸣片发声。压电蜂鸣片由锆钛酸铅或铌镁酸铅压电陶瓷材料制成，在陶瓷片的两面镀上银电极，经极化和老化处理后，再与黄铜片或不锈钢片粘在一起。有的压电式蜂鸣器外壳上还装有发光二极管。

电磁式蜂鸣器由振荡器、电磁线圈、磁铁、振动膜片及外壳等组成。接通电源后，振荡器产生的音频信号电流通过电磁线圈，使电磁线圈产生磁场，振动膜片在电磁线圈和磁铁的相互作用下，周期性地振动发声。

（三）蜂鸣器的识别与检测

有源蜂鸣器和无源蜂鸣器的外观略有区别，将两种蜂鸣器的引脚朝上放置时，可以看出有电路板的是无源蜂鸣器，没有电路板而用黑胶封闭的是有源蜂鸣器，如图 3.16 所示。

图 3.16 有源和无源蜂鸣器的外观

（a）有源蜂鸣器；（b）无源蜂鸣器

指针式万用表欧姆挡 $R×1$ 挡，用黑表笔接蜂鸣器"+"引脚，红表笔在另一引脚上来回碰触，如果触发出"咔、咔"声，且电阻只有 8Ω（或 16Ω）的是无源蜂鸣器；如果能发出持续声音，且电阻在几百欧以上，则是有源蜂鸣器。

有源蜂鸣器直接接上额定电源（新的蜂鸣器在标签上都有注明）就可连续发声；而无源蜂鸣器与电磁扬声器一样，需要接在音频输出电路中才能发声。

二、认识金属探测仪电路

（一）电路组成

金属探测仪电路如图 3.17 所示，VT_1、L_1、L_2、C_2、C_3、R_1、R_P 组成高频振荡电路，VT_2、VT_3 组成检测电路。

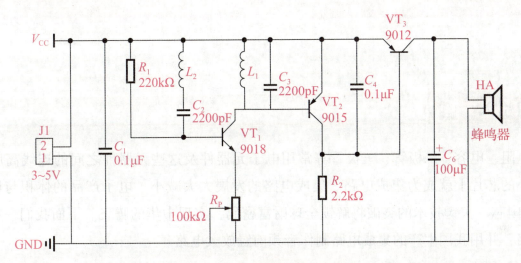

图 3.17　金属探测仪电路图

（二）电路工作原理

调节电位器 R_P，可以改变高频振荡电路振荡级增益，使振荡器处于临界振荡状态，即刚好使振荡器起振。

电路正常振荡时，振荡产生的交流电压超过 0.6V 时，VT_2 在负半周导通将 C_4 短路放电，使 VT_3 截止，蜂鸣器不发声。

当探测线圈 L_1 靠近金属物体时，会在金属导体中产生涡流，使振荡回路中的能量损耗增大，正反馈减弱，处于临界态的振荡器振荡减弱，无法维持振荡所需的最低能量而停振，VT_2 截止，C_4 通过 R_2 充电，VT_3 导通，推动蜂鸣器发声。根据蜂鸣器声音的有无，就可以判定探测线圈下面是否有金属物体。

（三）电路特点

金属探测仪能轻松地探测距离线圈平面（电路板）2.5cm 左右的金属硬币、钢板、铁板、铝板、光碟等，中间可以阻隔木板、书本等非金属物体，实际实验最大探测距离可以达到 5cm 甚至更远，还可自行制作探测线圈 L_1，探测线圈的直径越大，探测距离就会越远；探测线圈的 Q 值越高，对小金属分辨能力就越强。

项目四

安装调试音频前置放大器

项目引入

将电阻、电容、二极管、三极管等常用电子元器件及这些元器件之间的连线高度集成在一块小小的芯片上就成为集成电路。集成电路的发展大大减小了电子产品的体积与质量。目前,"中国芯"关键技术的突破将解锁全球财富密码,实现中华的腾飞。下面我们一起来学习集成电路,并用我国生产的集成电路制作音频前置放大电路。

能力目标

知识目标

1. 能描述直接耦合电路存在的特殊问题。
2. 能描述差动放大器的结构、工作原理。
3. 能描述集成运算放大器的工作特性、主要参数及应用。
4. 能运用"虚断"和"虚短"的概念分析信号运算电路。
5. 能描述比例、加减运算电路的工作原理及运算关系。
6. 能描述集成运算放大器在使用中应注意的问题。
7. 能描述集成运算放大器的引脚排列。

技能目标

1. 能掌握集成运算放大器的测试方法。
2. 能仿真检测集成运算放大器。

素养目标

1. 培养学生良好的安全生产意识、质量意识和效益意识。
2. 使学生具有为科学技术拼搏的精神。

任务一 仿真检测差动放大电路

工作任务描述

分析放大变化缓慢的信号和直流信号而用的直接耦合放大电路存在静态工作点相互影响和零点漂移问题,用仿真软件仿真检测差动放大电路的工作特性。

知识准备

用于放大变化缓慢的信号和直流信号的直接耦合放大电路存在两个特殊的问题,如果不妥善解决,放大器将不能正常工作。

一、直接耦合放大器存在的问题

(一)级间直流量的相互影响

简单的两级直接耦合放大电路如图4.1所示,它的静态工作点互相影响($U_{ce1} = U_{be2}$)。由于VT_2的发射结压降U_{be}很小,让VT_1的集电极电位很低而接近饱和区,使三极管不能正常工作。

(二)零点漂移问题

当直接耦合放大器的输入信号为零($U_i = 0$)时,接通电源后,输出电压U_o应该保持不变,但是实际上随着时间的推移,输出电压会缓慢、不规则地变化,如图4.2所示。

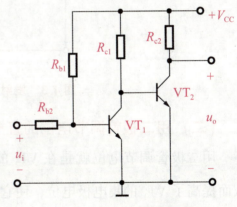

图 4.1 简单的两级直接耦合放大电路

(a)

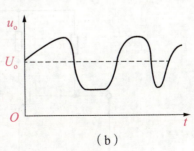

(b)

图 4.2 直接耦合放大器的零点漂移问题

(a) 直接耦合放大器示意图;(b) 零点漂移问题示意图

直接耦合放大电路在输入信号为零时，输出电压偏离起始值的现象称为零点漂移，简称零漂。

直接耦合放大电路前一级的零漂会被后一级放大器放大，放大器级数越多，零点漂移就会越严重。阻容耦合放大电路由于直流信号不能通过电容器传递，因此阻容耦合的零漂只限于本级内，影响很小。

二、级间电位调节电路

为了保证直接耦合放大电路中的三极管能正常工作，常用的前后级间静态电位的合理配置方法有如下几种。

（一）用发射极电阻调节电位的直接耦合放大电路

用发射极电阻调节电位就是在 VT_2 的发射极串入适当的发射极电阻，使 VT_2 的发射极、基极电位提高，从而提高 VT_1 的集电极电位，使它不易进入饱和区，这样 VT_1 和 VT_2 都可获得合适的静态工作点。它的缺点是 VT_2 发射极的电阻会引起电流负反馈，使放大器的放大倍数降低。发射极电阻调节电位的直接耦合放大电路如图 4.3 所示。

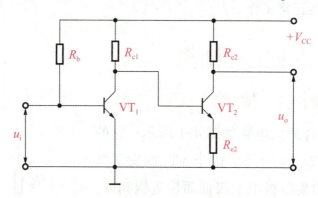

图 4.3 发射极电阻调节电位的直接耦合放大电路

（二）用二极管调节电位的直接耦合放大电路

用二极管调节电位就是在 VT_2 的发射极串入二极管，使 VT_2 的发射极、基极电位提高，从而提高了 VT_1 的集电极电位，使它不易进入饱和区，这样 VT_1 和 VT_2 都可获得合适的静态工作点。同时，由于二极管的动态电阻很小，因此它对电流的负反馈作用很小，放大器的放大倍数不会降低。二极管调节电位的直接耦合放大电路如图 4.4 所示。

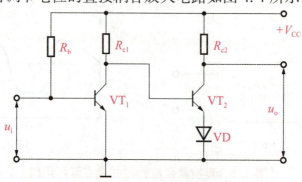

图 4.4 二极管调节电位的直接耦合放大电路

(三）用稳压管调节电位的直接耦合放大电路

当需要 VT_2 的基极电位较高时，在发射极串入几只二极管就不合适，此时用稳压管就更合适，稳压管的动态电阻也很小，同样对电流的负反馈作用很小。稳压管调节电位的直接耦合放大电路如图 4.5 所示。

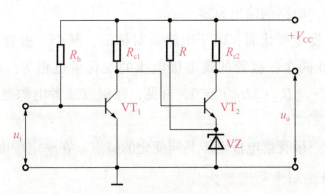

图 4.5　稳压管调节电位的直接耦合放大电路

（四）用 NPN 型三极管和 PNP 型三极管组成互补耦合放大电路

因为 NPN 型三极管的集电极电位比基极电位高，而 PNP 型三极管的集电极电位比基极电位低，它们配合使用就可以使三极管的静态工作点有合理的配置，能满足放大的要求。NPN 型三极管和 PNP 型三极管组成互补耦合放大电路如图 4.6 所示。

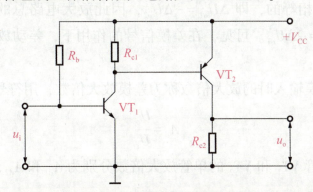

图 4.6　NPN 型三极管和 PNP 型三极管组成互补耦合放大电路

三、差动放大电路

为了克服零点漂移，实际生产中需要运用差动放大电路。

（一）基本差动放大电路的组成

将两个电路结构、参数均相同的共发射极单管放大电路组合在一起，就构成基本差动放大电路，如图 4.7 所示。输入电压分别加在两管的基极，输出电压等于两管的集电极电位之差。

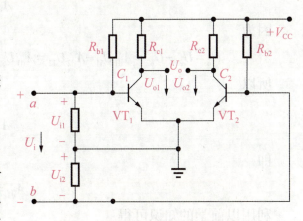

图 4.7　基本差动放大电路的组成

差动放大电路的主要特点是对称，基本形式如图4.7所示。

(二) 抑制零漂的原理

在没有输入信号（把a、b两点对地短路）时，因电路参数对称，三极管特性相同，因此 $I_{B1}=I_{B2}$、$I_{C1}=I_{C2}$、$U_{O1}=U_{O2}$，如果环境温度、电源电压保持不变，那么它们的数值也不会改变，即 $U_O=U_{O1}-U_{O2}=0$，电路的输出为零。

当温度或电源电压发生变化时，由于电路是对称的，两个三极管的集电极电流变化量相等，即 $\Delta I_{C1}=\Delta I_{C2}$，因此两个三极管的集电极电压的变化量也相等，即 $\Delta U_{C1}=\Delta U_{C2}$，由此可知，$U_O=(U_{C1}+\Delta U_{C1})-(U_{C2}+\Delta U_{C2})=0$，可见，在温度或者电源电压变化时，输出电压仍然为零，较好地抑制了零漂。

差动放大电路利用三极管集电极电压共同变化的特点，在一定程度上解决了零漂问题。

(三) 差动放大电路对信号的放大作用

1. 差模输入和差模放大倍数

大小相等而极性相反的两个输入信号称为差模信号。

在图4.7中，三极管VT_1、VT_2的输入信号就是差模信号。如果对于三极管VT_1，输入信号 U_{i1} 为正，则 I_{B1} 和 I_{C1} 增加，U_{o1} 减小；此时对于三极管VT_2，输入信号 U_{i2} 为负，I_{B2} 和 I_{C2} 减小，U_{o1} 增加。可见，两个三极管的集电极电压呈相反的方向变化，由于电路是对称的，因此增加的量与减小的量是相等的，即 $\Delta U_{o1}=-\Delta U_{o2}$，因此放大电路总的输出电压为 $U_o=\Delta U_{o1}-\Delta U_{o2}=\Delta U_{o1}-(-\Delta U_{o1})=2\Delta U_{o1}$。可见，在差模信号的作用下，差动放大电路能有效地放大差模信号。

差动放大电路在差模输入时的放大倍数称为差模放大倍数，用符号 A_d 表示。

$$A_d=\frac{U_o}{U_i} \tag{4.1}$$

设差模输入时三极管VT_1和VT_2的单管放大倍数分别为 A_{d1} 和 A_{d2}，由于两边的电路对称，因此有

$$A_{d1}=A_{d2} \tag{4.2}$$

因为

$$U_o=U_{o1}-U_{o2}=A_{d1}U_{i1}-A_{d2}U_{i2}=A_{d1}U_{i1}-A_{d2}(-U_{i1})=A_{d1}(U_{i1}+U_{i1})=A_{d1}U_i$$

所以

$$A_{d1}=\frac{U_o}{U_i} \tag{4.3}$$

即

$$A_{d1}=A_{d2}=A_d \tag{4.4}$$

利用以前学的知识可得

$$A_d=-\frac{\beta R_c}{r_{be}} \tag{4.5}$$

差动放大电路的差模放大倍数等于差模输入时每一个单管的放大倍数，其特点是利用一个放大管来换取对零漂的抑制。

2. 共模输入和共模放大倍数

大小相等且极性相同的两个输入信号称为共模信号。共模输入的差动放大电路如图 4.8 所示。

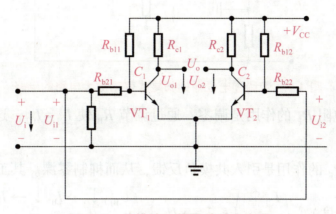

图 4.8 共模输入的差动放大电路

在图 4.8 中，加到三极管 VT_1、VT_2 基极上的输入信号电压 U_{i1} 和 U_{i2} 就是共模信号，即

$$U_{i1} = U_{i2} = U_i \tag{4.6}$$

差动放大电路在共模输入时的放大倍数称为共模放大倍数，用符号 A_c 表示。

共模输入时，两个三极管的集电极电流与集电极电位的变化相同，因此三极管 VT_1、VT_2 的输出电压 U_{o1} 和 U_{o2} 也是大小相等、相位相同，显然放大电路总的输出电压 U_o 为零，即 $U_o = U_{o1} - U_{o2} = 0$，因此，一个完全对称的差动放大电路的共模放大倍数 A_c 为零，即

$$A_c = \frac{U_o}{U_i} = 0 \tag{4.7}$$

温度、电源电压对差动放大电路的影响就相当于输入一对共模信号，差动放大电路对零漂的抑制就是抑制共模信号的一个特例。理想情况下，$A_c = 0$，因此输出电压没有零漂。

3. 共模抑制比

差动放大电路的差模放大倍数 A_d 与共模放大倍数 A_c 之比，称为共模抑制比，用 CMRR 来表示，即

$$CMRR = \frac{A_d}{A_c} \tag{4.8}$$

共模抑制比的值越大，差动放大电路的性能越好。

差动放大电路对共模信号没有放大作用，放大的只是差模信号，即只有两个输入信号有差别时，放大器才输出放大了的信号，即输出端才有"动作"，这也是"差动"名称的来历。

（四）实用的差动放大电路

1. 带调零电位器的长尾式差动放大电路

带调零电位器的长尾式差动放大电路的电路如图 4.9 所示。

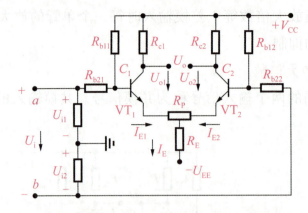

图 4.9 带调零电位器的长尾式差动放大电路的电路

图 4.9 中，可调电阻 R_P 的作用是调零，通过调节 R_P 使 $I_{C1}=I_{C2}$，这样当输入信号 $U_i=0$，其输出信号 $U_o=0$。

图 4.9 中，电阻 R_E 的作用是引入共模负反馈，从而抑制零漂。其工作原理如下：

$$t(温度)\uparrow \begin{cases}I_{C1}\uparrow \\ I_{C2}\uparrow\end{cases} I_E\uparrow \to U_E\uparrow \begin{cases}U_{BE1}\downarrow \to I_{B1}\downarrow \to I_{C1}\downarrow \\ U_{BE2}\downarrow \to I_{B2}\downarrow \to I_{C2}\downarrow\end{cases}$$

电阻 R_E 对差模信号没有影响，因为当差模信号接到电路的输入端时，一个三极管的电流增加，另一个三极管的电流减小，而且增加与减小的量相等，因此流过电阻 R_E 的电流不变，即电阻 R_E 对差模信号没有影响。

电阻 R_E 的值越大，对共模信号的抑制作用越强，但是 R_E 增加会使三极管的集电极与发射极之间的管压降 U_{CE} 减小，三极管的动态范围减小，因此要接入辅助电源 $-U_{EE}$。而且 R_E 越大，辅助电源 $-U_{EE}$ 的值就越大，因此 R_E 的值不宜过大。

2. 三极管恒流源的差动放大电路

为了降低辅助电源的电压，常用三极管恒流源代替 R_E，这种电路称为三极管恒流源差动放大电路，如图 4.10 所示。

在图 4.10 中，R_3 与 R_4 串联分压固定三极管 VT_3 的基极电位，当电路有共模信号输入时，VT_3 的发射极电位随着 VT_3 的集电极电流 I_{C3}、发射极电流 I_{E3} 的改变而改变，电路利用 VT_3 发射极电位的变化来使基极电流随之变化使 I_{C3} 能保持不变，I_{C3} 不变则 I_{C1}、I_{C2} 也不能变化，从而抑制了零漂。

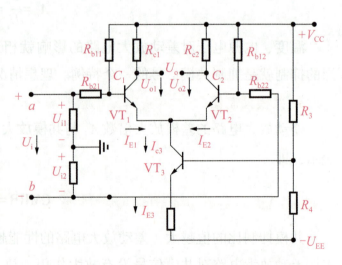

图 4.10 三极管恒流源的差动放大电路

知识拓展

差动放大电路的几种连接方法

一、双端输入、双端输出

双端输入、双端输出的电路图如图 4.11 所示，它的差模放大倍数 A_d 与单管放大倍数 A_{d1} 和 A_{d2} 是相同的，即 $A_{d1}=A_{d2}=A_d$。

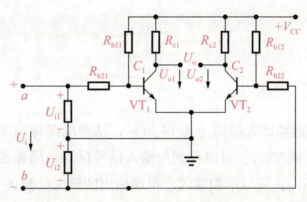

图 4.11 双端输入、双端输出

二、双端输入、单端输出

双端输入、单端输出差动放大器如图 4.12 所示，由于这种电路只利用了一个三极管集电极电位的变化，另一个三极管的集电极电位变化没有被利用，因此其差模输出电压只有双端输出的一半，故其差模放大倍数 $A_d=A_{d1}/2$。

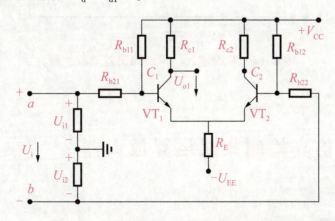

图 4.12 双端输入、单端输出差动放大器

三、单端输入、双端输出

单端输入、双端输出差动放大器如图 4.13 所示，它的作用是把单端信号转换成双端输出，

电路的工作状态与双端输入时近似一致。因此,放大电路的放大倍数与双端输入、双端输出一样,即 $A_d = A_{d1} = A_{d2}$。

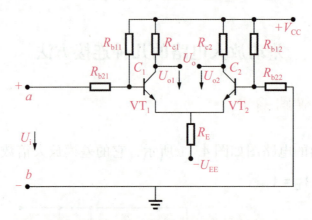

图 4.13　单端输入、双端输出差动放大器

四、单端输入、单端输出

单端输入、单端输出差动放大器如图 4.14 所示,这种电路抑制零漂的能力很强,通过输出端不同的接法(接 VT_1 或 VT_2),可以得到与输入信号反相或同相的输出信号。因为单端输入、双端输出的 $A_d = A_{d1} = A_{d2}$,所以单端输入、单端输出的放大倍数 $A_d = A_{d1}/2$。

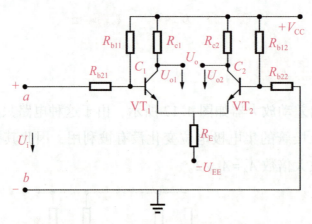

图 4.14　单端输入、单端输出差动放大器

任务二　仿真检测集成运算放大器

工作任务描述

运用理想集成运算放大器(简称集成运放)的分析要点分析常用的集成运放电路。运用仿真软件仿真检测集成运放电路。

知识准备

集成运算放大器将组成放大器的元件及其相互之间的连线通过半导体特殊工艺同时制作在一块半导体芯片上，再封装在塑料或金属外壳内，成为管路一体。

一、集成运放的组成

集成运放一般可以分为输入级、中间级、输出级和偏置电路4个部分，如图4.15所示。

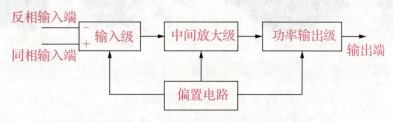

图4.15　集成运放组成结构框图

集成运放的输入级一般采用差动放大电路，它具有较高的输入电阻和较大的放大倍数，有同相和反相两个输入端，对共模信号有很强的抑制作用，具有很强的抑制零漂的能力。

集成运放的中间级由多级放大电路组成，电压放大倍数较大，运放的电压放大主要由中间级完成。

集成运放的输出级多采用互补对称功率放大电路，具有较低的输出电阻，其作用是实现功率的放大，提高运放带负载的能力。

二、集成运放的符号、外形与主要参数

（一）集成运放的符号、外形

集成运放的图形符号如图4.16所示，集成运放的符号有两个输入端U_+和U_-及一个输出端U_o，其中，U_-为反相输入端，该端输入的信号的极性与输出端相反，标"-"号，U_+为同相输入端，该端的输入信号的极性与输出端相同，标"+"，输出端也标"+"号。

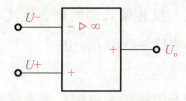

图4.16　集成运放的图形符号

集成运放的外形封装有圆壳式、扁平式和双列直插式3种，如图4.17所示。目前，国产集成运放封装外形主要采用圆壳式和双列直插式。

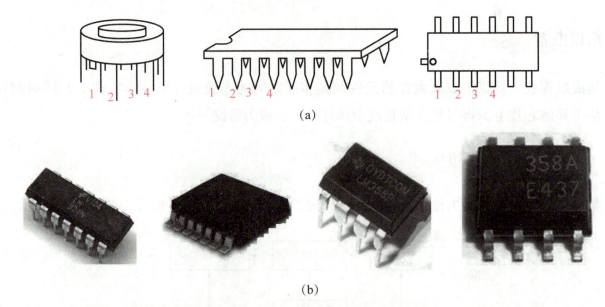

图 4.17 集成运放的外形

(a) 集成运放外形示意图；(b) 集成运放实物图

(二) 集成运放的主要参数

1. 开环差模电压放大倍数 A_{uo}

不外加反馈时集成运放的电压放大倍数称为开环差模电压放大倍数。集成运放的开环差模电压放大倍数 A_{uo} 的值很高，理想集成运放的 A_{uo} 趋近于无穷大。

2. 最大输出电压 U_{OPP}

集成运放空载输出的最高电压称最大输出电压，用 U_{OPP} 表示，集成运放的 U_{OPP} 稍低于电源电压。理想集成运放的 U_{OPP} 等于电源电压。

3. 输入失调电压 U_{io}

由于集成运放输入级的差动放大电路不完全对称，导致输入电压为零时，输出电压不为零的情况称为运放失调。要使输出电压为零，必须给输入端加一个输入电压 U_{io}，该电压称为输入失调电压。理想集成运放的输入失调电压 $U_{io} \to 0$。

4. 输入失调电流 I_{io}

输入信号为零时，同相输入端与反相输入端的静态电流不可能完全相等，它们的差值称为输入失调电流 I_{io}，I_{io} 很小，理想集成运放的 $I_{io} \to 0$。

5. 差模输入电阻 R_i

差模输入电压与输入电流之比为差模输入电阻。集成运放的差模输入电阻 R_i 很大，理想集成运放的 $R_i \to \infty$。

6. 开环输出电阻 R_o

不外接反馈电路时集成运放输出端的对地电阻称为开环输出电阻 R_o。集成运放的输出电阻很小，理想集成运放的开环输出电阻 $R_o \to 0$。

7. 输入偏置电流 I_{ib}

输入信号为零时，两输入端偏置电流的平均值称为输入偏置电流 I_{ib}。输入偏置电流 I_{ib} 越小越好，理想集成运放的输入偏置电流 $I_{ib} \to 0$。

8. 共模抑制比 CMRR

集成运放开环状态下差模放大倍数与共模放大倍数之比称为共模抑制比 CMRR，该值很大，理想集成运放的共模抑制比 CMRR $\to \infty$。

三、理想集成运放的分析方法

运用理想集成运放的开环电压放大倍数 $A_{uo} \to \infty$、开环差模输入电阻 $R_i \to \infty$ 等特点分析集成运放可以使计算简化而结论误差很小。

（一）理想集成运放两输入端电位相等（"虚短"）

因为理想集成运放的开环电压放大倍数 $A_{uo} \to \infty$，即 $A_{uo} = \dfrac{U_o}{U_i} = \dfrac{U_o}{U_+ - U_-} \to \infty$，又因为 U_o 只能是有限值，因此 $U_+ - U_- \approx 0$，即 $U_+ = U_-$，即两个输入端的电位是相等的，相当于短路，这两个输入端并没有相连而电位又相等，通常称为"虚短"。若同相输入端接地（或通过电阻接地），即 $U_+ = 0$，则反向输入端也为零，但是反向输入端又没有真正接地，因此称为"虚地"。

（二）理想集成运放输入电流等于零（"虚断"）

因为输入电压 $U_+ - U_- \approx 0$，输入电阻 $R_i \to \infty$，即输入电流 $I_i = \dfrac{U_+ - U_-}{r_{id}} \approx 0$，集成运放与电路是相连而输入电流又为零，电路好像断路一样，通常称为"虚断"。

四、集成运算的应用

集成运算常用于基本运算放大电路，如比例运算放大器、加法运算、减法运算、积分和微分运算等。

（一）反相比例运算放大电路

1. 电路结构

反相比例运算放大电路如图 4.18 所示，图中 R_f 为反馈电阻。

2. 闭环电路放大倍数 A_{uf}

根据"虚短""虚地"的特性，得 $U_N = U_P = 0$；根据"虚断"的特性，得 $I_N \approx 0$，因此通过 R_1 的电流全部流过 R_f，即 $I_i = I_f$。

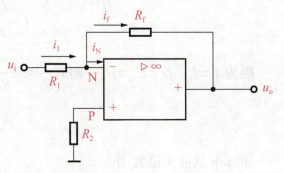

图 4.18 反相比例运算放大电路

1) 信号输入支路上：

$$I_i = \frac{U_i - U_N}{R_1} = \frac{U_i}{R_1}$$

2) 在反馈支路上：

$$I_f = \frac{U_N - U_o}{R_f} = \frac{-U_o}{R_f}$$

因为 $I_i = I_f$，则有 $\frac{U_i}{R_1} = \frac{-U_o}{R_f}$，整理得

$$U_o = \frac{-R_f}{R_1} U_i$$

闭环电路放大倍数为

$$A_{uf} = \frac{U_o}{U_i} = -\frac{R_f}{R_1} \tag{4.9}$$

式（4.9）中的负号表示输出信号与输入信号反向，当 $R_1 = R_f$ 时，反相比例放大器成为反相器。

（二）同相比例运算放大电路

1. 电路结构

同相比例运算放大电路如图 4.19 所示，图中 R_f 为反馈电阻。

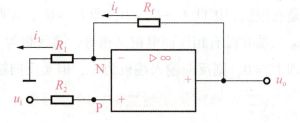

图 4.19 同相比例运算放大电路

2. 闭环电路放大倍数 A_{uf}

根据"虚短"的特性，得 $U_N = U_P$；根据"虚断"的特性，得 $I_N \approx 0$，因此通过 R_1 的电流全部流过 R_f，即 $I_i = I_f$。还得出 R_2 上没有电流流过，因此 $U_i = U_P$。

1) 信号输入支路上：

$$U_i = U_N = U_P$$

2) 在反馈支路上：

$$I_i = \frac{U_N}{R_1}, \quad I_f = \frac{U_o - U_N}{R_f}$$

因为 $I_i = I_f$，$U_i = U_N = U_P$，则有 $\frac{U_i}{R_1} = \frac{U_o - U_i}{R_f}$，整理得

$$U_o = \left(1 + \frac{R_f}{R_1}\right) U_i \tag{4.10}$$

闭环电路放大倍数为

$$A_{uf} = \frac{U_o}{U_i} = 1 + \frac{R_f}{R_1} \tag{4.11}$$

可见，当 R_1 开路或 $R_f = 0$ 时，同相比例放大器成为电压跟随器。

（三）加法电路

1. 电路结构

加法电路是在反相比例运算电路基础上增加了若干输入回路构成的，如图4.20所示。

2. 工作原理

因为"虚断"，理想运放的输入电流为0，则 $i_1+i_2=i_f$。

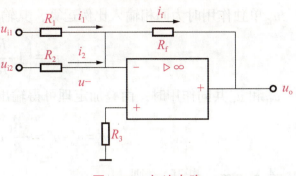

图4.20 加法电路

因为"虚短"，$u_-=u_+=0$，由此得

$$i_1=\frac{u_{i1}}{R_1}, \quad i_2=\frac{u_{i2}}{R_2}, \quad i_f=-\frac{u_o}{R_f}$$

$$\frac{u_{i1}}{R_1}+\frac{u_{i2}}{R_2}=-\frac{u_o}{R_f}$$

整理得到

$$u_o=-R_f\left(\frac{u_{i1}}{R_1}+\frac{u_{i2}}{R_2}\right) \tag{4.12}$$

当 $R_1=R_2=R$ 时，式（4.12）变为

$$u_o=-\frac{R_f}{R}(u_{i1}+u_{i2}) \tag{4.13}$$

当 $R_1=R_2=R_f$ 时，式（4.12）变为

$$u_o=-(u_{i1}+u_{i2}) \tag{4.14}$$

由上面的分析运算可知，加法电路的输出电压与运放本身的参数无关，只要外加电阻精度足够高，就可以保证加法运算的精度和稳定性。该电路的优点是改变某一输入回路的电阻值时，只改变该支路输入电压与输出电压之间的比例关系，对其他支路没有影响，因此调节比较灵活方便。另外，由于同相输入端与反相输入端"虚地"，因此在选用集成运放时，对其共模输入电压的指标要求不高，在实际工作中，反相加法电路得到广泛的应用。

（四）减法电路

1. 电路结构

当集成运放的两个输入端都有信号输入时，就构成了减法电路，如图4.21所示。

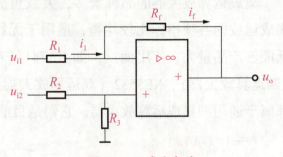

图4.21 减法电路

2. 工作原理

当 u_{i1} 单独作用时，减法电路成为输入比例运算电路，其输出电压为

$$u'_o=\frac{R_f}{R_1}u_{i1}$$

u_{i2}单独作用时为同相输入比例运算，其输出电压为

$$u_o'' = \left(1+\frac{R_f}{R_1}\right)\frac{R_3}{R_2+R_3}u_{i2}$$

u_{i1}和u_{i2}共同作用时，由叠加定理可得输出电压为

$$u_o = u_o' + u_o'' = -\frac{R_f}{R_1}u_{i1} + \left(1+\frac{R_f}{R_1}\right)\frac{R_3}{R_2+R_3}u_{i2} \tag{4.15}$$

若$R_3 = \infty$（断开），则

$$u_o = -\frac{R_f}{R_1}u_{i1} + \left(1+\frac{R_f}{R_1}\right)u_{i2} \tag{4.16}$$

当$R_1 = R_2$、$R_3 = R_f$时，式（4.15）变为

$$u_o = \frac{R_f}{R_1}(u_{i2} - u_{i1}) \tag{4.17}$$

当$R_1 = R_2 = R_3 = R_f$时，式（4.15）变为

$$u_o = u_{i2} - u_{i1} \tag{4.18}$$

可见，当$R_1 = R_2 = R_3 = R_f$时，输出电压等于两个输入电压之差，实现了减法运算。当$R_1 = R_2$，$R_3 = R_f$时，输出电压与两个输入电压之差成正比，减法电路成为差动输入运算电路或差动放大电路。

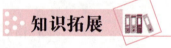

集成运放的识别与检测

一、集成运放的识别

集成运算放大器的品种繁多，大致可分为"通用型"和"专用型"两大类。"通用型"集成运放的各项指标比较均衡，适用于无特殊要求的一般场合。这类器件的主要特点是价格低廉、产品量大、使用面广，如 UA741（单运算放大器）、LM358（双运算放大器）、LM324（四运算放大器）、NE5532（双运算放大器）及场效应管为输入级的 LF356（单运算放大器）都属于通用型集成运算放大器。它们是目前应用广泛的集成运放。

（一）UA741

UA741 是单运算放大器，即一个芯片内只有一个运算放大器，由±15V 两路电源供电。它性能较好，放大倍数较高，具有内部补偿，是典型的集成运算放大器。

UA741 为 8 脚双列直插式芯片，其外形如图 4.22 所示。它有 8 个引脚，但只有 7 个引脚有用，其中 2 脚为反相输入端，3 脚为同相输入端，6 脚为输出端；4 脚为负电源端，接-3～-18V

的直流电源；7 脚为正电源端，接 3~18V 的直流电源；1 脚和 5 脚为外接调零电位器（通常为 10kΩ）的两个端子；8 脚为空脚，无用。其引脚排列如图 4.23 所示。

图 4.22　UA741 外形

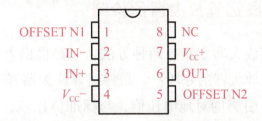

图 4.23　UA741 引脚排列

（二）LM324

LM324 是一块 4 路集成运算放大器，由 4 个独立的高增益、内部频率补偿运算放大器组成。它可以在宽电压范围（3~30V）的单电源下工作，也可以在双电源下工作（±1.5~15V）。具有电压增益大、电源电流消耗低、输出电压幅度大等特点。LM324 采用 14 脚双列直插式封装，其外形如图 4.24 所示。

LM324 内含 4 个结构完全相同的运算放大器，分别用 1、2、3、4 来表示，这 4 个运算放大器可以单独使用，也可以同时使用。其引脚排列如图 4.25 所示。其引脚功能如表 4.1 所示。

图 4.24　LM324 外形

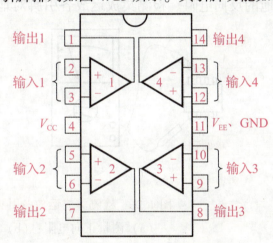

图 4.25　LM324 引脚排列

表 4.1　LM324 引脚功能

引脚号	1	2	3	4	5	6	7	8	9	10	11	12	13	14
引脚功能	输出端	反相输入端	同相输入端	正电源	同相输入端	反相输入端	输出端	输出端	反相输入端	同相输入端	负电源（或接地）端	同相输入端	反相输入端	输出端

LM324 采用双电源供电方式时，正电源加在 V_{CC} 脚与地之间，负电源加在 V_{EE} 脚与地之间，且两个电源的大小相等。在这种方式下，运算放大器输出端的静态电压等于 0V，输出电压的振幅最大可达正、负电源电压。采用单电源供电方式时，正电源接于 V_{CC} 脚与地之间，而 V_{EE} 脚直接接地。在单电源供电时，输出端的静态电压约为 $V_{CC}/2$。它的最大增益为 100dB（即电

压放大倍数为 10^5），失调电压小于 5mV；频带宽度为 1.3MHz。

二、集成运算放大器的检测

检测运算放大器主要有两种方法，一是借助万用表检测运算放大器各引脚的对地电阻，从而判别运算放大器的好坏；二是将运算放大器置于电路中，在工作状态下，用万用表检测运算放大器各引脚的对地电压值，与标准值比较，即可判别运算放大器的性能。检测之前，需要通过集成电路手册查询待测运算放大器各引脚的直流电压参数和电阻参数，为运算放大器的检测提供参考标准。

（一）检测集成运放各引脚的对地电阻

运算放大器的好坏可以借助万用表检测运算放大器各引脚的正、负向对地电阻，将实测结果与正常值比较来进行判断。

以 LM324 为例，检测时，万用表置于 $R×1k$ 挡，首先用红表笔（表内电池负极）接集成运放的接地引脚（11 脚），黑表笔（表内电池正极）接其余各引脚，测量各引脚对地的正向电阻。然后对调两表笔，将黑表笔接集成运放的接地引脚（11 脚），红表笔接其余各引脚，测量各引脚对地的反向电阻。检测集成运放各引脚对地电阻的方法如图 4.26 所示。

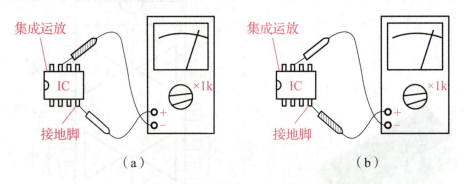

图 4.26　检测集成运放各引脚对地电阻的方法
（a）测量正向电阻；（b）测量反向电阻

将测量结果与正常值相比较，以判断该集成运放的好坏。如果测量结果与正常值偏差较大，特别是电源端对地阻值为"0"或无穷大，说明该集成运放已损坏。LM324 的各引脚对地的正、反向电阻参考值如表 4.2 所示。

表 4.2　LM324 的各引脚对地的正、反向电阻参考值

引脚	1	2	3	4	5	6	7	8	9	10	11	12	13	14
正向电阻值/kΩ	150	∞	∞	20	∞	∞	150	150	∞	∞	地	∞	∞	150
反向电阻值/kΩ	7.6	8.7	8.7	5.9	8.7	8.7	7.6	7.6	8.7	8.7	地	8.7	8.7	7.6

（二）检测集成运放各引脚的电压

用万用表检测运算放大器各引脚直流电压时，需要先将运算放大器置于实际的工作环境中，然后将万用表置于适当的直流电压挡，分别检测各引脚的电压值以判断运算放大器的好坏。

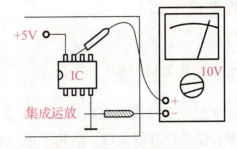

图 4.27 检测集成运放各引脚的直流电压值的方法

仍然以检测 LM324 为例，当被测电路的电源电压为 5V 时，将万用表置于"直流 10V"挡，然后将黑表笔接集成运放的接地引脚（11 脚），红表笔依次接在其余各引脚上，检测运算放大器各引脚的直流电压值。检测集成运放各引脚的直流电压值的方法如图 4.27 所示。

将测量结果与各引脚电压的正常值相比较，即可判断该集成运放的工作是否正常。如果测量结果与正常值偏差较大，而且外围元器件正常，则说明该集成运放已损坏。LM324 各引脚的正常电压值如表 4.3 所示。

表 4.3 LM324 各引脚的正常电压值

引脚	1	2	3	4	5	6	7	8	9	10	11	12	13	14
功能	A输出	A反相输入	A同相输入	电源	B同相输入	B反相输入	B输出	C输出	C反相输入	C同相输入	地	D同相输入	D反相输入	D输出
电压/V	3	2.7	2.8	5	2.8	2.7	3	3	2.7	2.8	0	2.8	2.7	3

任务三　安装及调试音频放大器

音频信号在功率放大之前，需要进行前置放大，以提高音频信号的信噪比。

工作任务描述

下面首先认识 LM358 芯片，然后认识音频前置放大电路。本任务的工单中将使用集成运放 LM358 制作一个音频前置放大器。任务要求如下：

1）能在的电路板上设计合理的装配图。
2）能插装与焊接元器件。
3）能正确连接焊接线路。
4）能安全操作，进行检测、调试音频前置放大电路，明确电路工作原理。
5）能与仿真检测功能比较，分析电路，理解电路原理。

知识准备

一、认识 LM358

LM358 是一个双放大集成电路，主要用于电压放大，内部包括有两个独立的、高增益、内部频率补偿的运算放大器，适用于电压范围很宽的单电源工作方式（3~30V）和双电源工作方式（±1.5~15V）。它可用于传感放大器、直流增益模块和其他所有可用单电源供电的使用运算放大器的场合。

LM358 采用 8 脚封装，封装形式有塑封 8 引脚双列直插式和贴片式。其外形如图 4.28 所示，引脚排列如图 4.29 所示。

图 4.28 LM358 外形图
（a）DIP-8 封装；（b）SO-8 封装

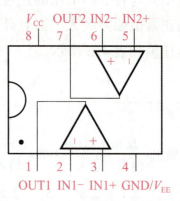

图 4.29 LM358 引脚排列

LM358 引脚功能及各引脚内电阻检测表如表 4.4 所示（选择 MF47 的 $R×1k$ 挡）。

表 4.4 LM358 引脚功能及各引脚内电阻检测表

引脚序号	英文缩写	引脚功能	电阻参数（kΩ）参考值	
			红表笔接地 $R_{正向}$	黑表笔接地 $R_{反向}$
1	OUT1	第一运算放大器输出端（输出1）	200	10
2	IN1（−）	第一运算放大器反相输入端（输入1）	∞	10
3	IN1（+）	第一运算放大器同相输入端	∞	10
4	GND/V_{EE}	接地端（双电源工作时为负电源）	0	0
5	IN2（+）	第二运算放大器同相输入	∞	10
6	IN2（−）	第二运算放大器反相输入	∞	10
7	OUT2	第二运算放大器放大输出	200	10
8	V_{CC}	电源正极	50	9

二、认识音频前置放大电路

（一）电路组成

音频前置放大电路由集成运放 LM358 电压放大电路和 VT_1、VT_2 互补电流放大电路组成，采用 12V 单电源供电，如图 4.30 所示。

（二）电路原理

该音频前置放大电路是由集成运放 LM358 电压和放大电路 VT_1、VT_2 互补电流放大电路组成，采用 12V 单电源供电。由 R_1、R_2 分压产生一个 1/2 电源电压，提供给反相输入端（2脚），使 LM358 有一个稳定静态工作点。VT_1、VT_2 是电流放大三极管，R_6、R_7、VD_1、VD_2 为 VT_1、VT_2 提供偏置电压，让 VT_1、VT_2 工作在微导通状态。X_1 是一个接线端子，是音频信号输入端，输入信号经过耦合电容 C_1 进入集成运放 LM358 的正相输入端（3脚），经过同相放大后由其 1 脚输出，再经过 VT_1、VT_2 互补电流放大得到一个完整的具有一定功率的音频信号，该信号一路经过 R_5 反馈回运算放大器 LM358 反相输入端（2脚），形成负反馈，改善电路工作性能；另一路由电容 C_4 耦合输出到输出端 X_3，通过外接扬声器即可推动扬声器发出声音。

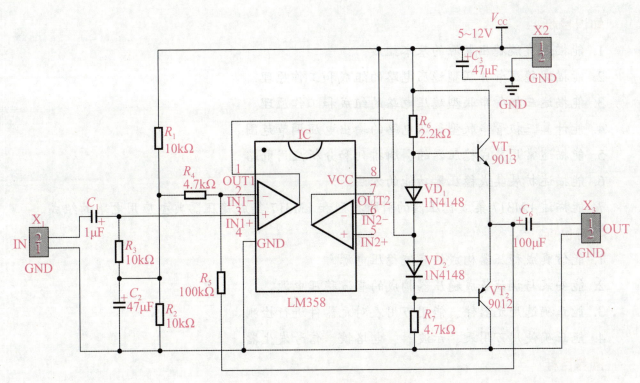

图 4.30 音频前置放大电路图

项目五

安装调试直流稳压电源

📁 项目引入

我国研发生产的直流稳压电源性能越来越好，远销一带一路沿线各个国家或地区。直流稳压电源对电气设备使用寿命起到关键作用。本项目我们一起来制作一个稳压电源。

📁 能力目标

知识目标

1. 能描述直流稳压电源的基本组成。
2. 能描述稳压管并联型稳压电路的组成和工作原理。
3. 能描述三极管串联型稳压电路的组成和工作原理。
4. 能计算三极管串联型稳压电路的输出电压调节范围。
5. 能描述常用集成稳压器的引脚排列和分析应用电路。
6. 能描述扩展集成稳压器功能的方法。
7. 能描述 LM317 集成稳压器的引脚排列和 LM317 集成稳压器典型应用电路的组成。

技能目标

1. 能仿真成稳压器构成的直流稳压电源。
2. 能安装与调试集成稳压器构成的直流稳压电源。
3. 能正确选用元器件，能用万用表对元器件进行检测。
4. 能正确使用万用表、示波器、电烙铁、信号发生器。

素养目标

1. 唤醒学生的民族自豪感。
2. 培养学生的团队合作意识，提高其职业道德水平。

任务一　仿真检测直流稳压电源

电子产品都离不开直流电源，因此认识各种直流电源及工作原理非常必要。

直流稳压电源多数场合采用集成稳压器，电路简单成本低，且稳压性能较好。在输出电流不大于 1.5A 的场合可采用 CW78××、CW79×× 系列或 CW317、CW337。

工作任务描述

学习直流电源的组成与工作原理。使用电子仿真软件仿真三端固定稳压器的输出电压情况，仿真三端可调集成稳压器输出电压调节范围，理解电路元器件参数选择。

知识准备

一、直流稳压电源的基本组成

220V、50Hz 的交流电先通过变压器变为所需要的电压值，然后经整流电路变成脉动直流电压，再通过滤波电路得到平滑的直流电压，最后由稳压电路稳压，才能得到稳定的直流电。将不稳定的直流电压变换成稳定且可调的直流电压的电路称为直流稳压电路或称为直流稳压电源。直流稳压电源按调整器件的工作状态可分为线性稳压电源和开关稳压电源两大类。前者使用起来简单易行，但转换效率低，体积大；后者体积小，转换效率高，但控制电路较复杂。下面介绍常见的线性稳压电源，其基本组成框图如图 5.1 所示。

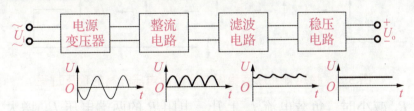

图 5.1　线性直流稳压电源基本组成及波形变换

电源变压器的作用是通过变压器，将电网 220V、50Hz 交流电压变换成符合要求的交流电压，并送给整流电路，变压器的变比由变压器一次侧与二次侧的线圈匝数决定。

整流电路的作用是利用二极管或晶闸管，把 50Hz 的正弦交流电变换成脉动的直流电，常见的整流有半波整流、全波整流、整流桥等。

滤波电路的作用是将整流电路输出电压中的交流成分大部分加以滤除，从而得到比较平滑的直流电压，主要分为电容滤波、电感滤波等。

稳压电路的作用是使输出的直流电压稳定，不随交流电网电压和负载的变化而变化。常见的稳压类型有并联型稳压电路、串联型稳压电路和集成稳压电路等。

二、稳压管并联型稳压电路

（一）电路组成

稳压管并联型稳压电路如图5.2所示。图5.2中电阻 R 与稳压二极管 VZ 组成稳压电路，R 为调压电阻，稳压管 VZ 工作在反向击穿区，稳压管 VZ 作为电压调整器件与负载并联，故称为并联型稳压电路。

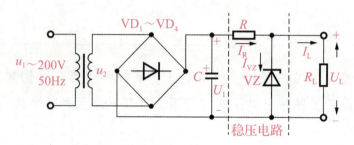

图 5.2　稳压管并联型稳压电路

（二）工作原理

根据串并联电阻特点可知，流过电阻 R 的电流为

$$I_{VZ}+I_L$$

负载上获得的输出电压为

$$U_L=U_I-U_R$$

稳压管并联型稳压电路的稳压过程如图5.3所示，假设负载电阻 R_L 不变，当输入电压 U_i 波动升高引起输出电压 U_L 升高时，稳压管两端电压 U_{VZ} 升高引起稳压管的电流 I_{VZ} 显著增大，流过电阻 R 的电流 I_R 显著增大，电阻 R 的两端电压 U_R 显著增大，从而使 U_L 降低而近似保持稳定。当输入电压 U_i 减小时，其稳压过程相反。U_R 相应减小，使 U_L 维持基本不变。

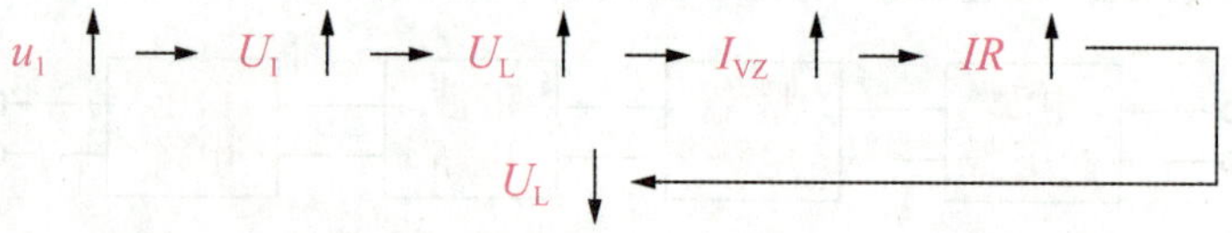

$$u_1\uparrow \to U_I\uparrow \to U_L\uparrow \to I_{VZ}\uparrow \to IR\uparrow$$
$$U_L\downarrow$$

图 5.3　稳压管并联型稳压电路电网电压升高的稳压过程

当负载电阻 R_L 减小时，负载电流 I_L 上升，电阻 R 的两端电压 U_R 增大，输出电压 U_L 下降，使稳压管两端电压 U_{VZ} 下降，导致流过稳压管的电流 I_{VZ} 急剧减小，电阻 R 的两端电压 U_R 显著减小，使 U_L 回升而保持稳定。其稳压过程如图5.4所示。

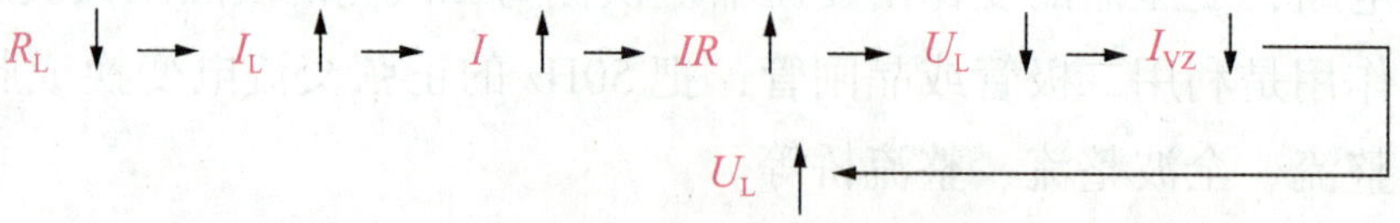

$$R_L\downarrow \to I_L\uparrow \to I \to IR\uparrow \to U_L\downarrow \to I_{VZ}\downarrow$$
$$U_L\uparrow$$

图 5.4　稳压管并联型稳压电路负载电阻减小的稳压过程

稳压管并联型稳压电路利用稳压管工作在反向击穿区、电流变化大的特点，并通过限流电阻的调压作用达到稳压的目的。这种电路结构简单，调试方便，但输出电压受稳压管限制不能任意调整，稳定性能差，只能应用在 U_L 要求不高的小电流稳压电路中。

三、串联型晶体管稳压电路

（一）简单串联型稳压电路

1. 电路组成

简单串联型稳压电路由 VT、R、VZ 组成，如图 5.5 所示。三极管 VT 是调整管，可看作受基极电流

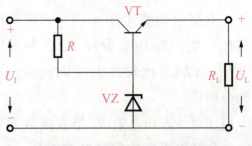

图 5.5　简单串联型稳压电路

控制的可变电阻，利用其电阻的变化可实现稳压。R 既是稳压管 VZ 的限流电阻，又是调整管 VT 的基极偏置电阻。VZ 向调整管 VT 基极提供一个稳定的直流电压 U_{VZ}，称为基准电压。因电压调整器件 VT 和负载 R_L 相串联，故称为串联型稳压电路。

2. 工作原理

由图 5.5 可知：

$$U_{BE} = U_{VZ} - U_L$$
$$U_L = U_I - U_{CE}$$

三极管的 U_{CE} 会随基极电流 I_B 的改变而改变，只要调整 I_B 就可以控制 U_{CE} 的变化。

当电网电压升高时，U_I、U_L 增大，因稳压管 U_{VZ} 基本不变，故 U_{BE} 减小，使三极管基极电流减小，集电极电流减小，U_{CE} 增大，从而使 U_L 回落而保持输出电压 U_L 基本不变。其稳压如图 5.6 所示。

$U_I \uparrow \rightarrow U_L \uparrow \rightarrow U_{BE} \downarrow \rightarrow I_B \downarrow \rightarrow I_C \downarrow \rightarrow U_{CE} \uparrow$
　　　　　$U_L \downarrow \leftarrow$

图 5.6　电网电压升高时简单串联型稳压电路稳压过程

当输入电压 U_I 减小时，简单串联型稳压电路稳压过程与上述过程相反。

当负载电阻 R_L 减小时，负载电流 I_L 增大，稳压电路输出电压 U_L 减小，因稳压管电压 U_{VZ} 基本不变，故 U_{BE} 增大，I_B 增大，I_C 增大，U_{CE} 减小，从而使 U_L 回升并保持输出电压 U_L 基本不变。其稳压关系图如图 5.7 所示。

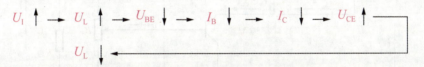

图 5.7　电阻 R_L 减小时简单串联型稳压电路稳压过程

当负载电阻 R_L 增大时，稳压过程与上述过程相反。

简单的串联型稳压电路比稳压管并联稳压电路输出电流大，输出电压变动小。但是，其输出电压仍取决于稳压管的稳定电压 U_{VZ}，当需要改变输出电压时必须更换稳压管。

（二）带放大环节的串联型可调稳压电路

带放大环节的串联型可调稳压电路的组成框图如图5.8所示。

典型的串联型可调稳压电路如图5.9所示，电路由调整元件（VT_1）、取样电路（R_3、R_4、R_P组成分压器）、基准电压（R_2、VZ）、比较放大（VT_2、R_1）4个部分组成。

稳压管VZ和电阻R_2给直流放大管VT_2的发射极提供稳定的基准电压。R_3、R_4、R_P组成分压取样电路，从输出电压U_L中取出变化的信号电压，并把它加到

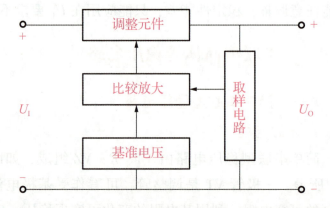

图5.8 带放大环节的串联型可调稳压电路的组成框图

放大管VT_2的基极，VT_2的基极，即VT_2的基极电位U_{B2}由取样电路提供，U_{B2}和基准电压U_{VZ}比较后的电压差值即U_{BE2}经VT_2放大后，加到三极管VT_1的基极上，调整VT_1的基极电流和集电极电流，从而调整其U_{CE1}的大小，以保证输出电压稳定。R_1既是放大管VT_2的集电极负载电阻，又是调整管VT_1的基极偏置电阻。调整管VT_1起到电压调整作用，大多采用大功率三极管，且所选三极管的功率决定电路输出功率的大小，而大功率三极管的β往往较小，可以用复合管来作为调整管。另外，稳压电路还考虑了保护环节。

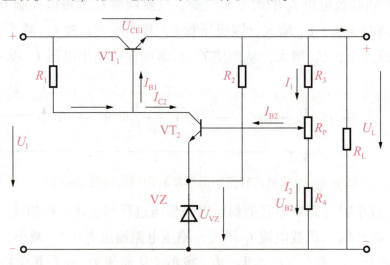

图5.9 典型的串联型可调稳压电路

典型的串联型可调稳压电路实际就是在简单串联型稳压电路的基础上增加了取样环节和电压放大环节，其稳压效果明显提高。

典型串联型可调稳压电路的稳压过程如图5.10所示，如果输入电压U_I增大，或负载电阻R_L增大，输出电压U_L也增大，通过取样电路将这个变化加在VT_2的基极上使U_{B2}增大。由于U_{VZ}是一个恒定值，所以U_{BE2}增大，导致I_{B2}和I_{C2}增大，R_1上电压降增大，使调整管基极电压减小，基极电流减小，管压降U_{CE1}增大，从而使输出电压保持不变。

同理，当输入电压U_I减小或负载电阻R_L减小引起输出电压U_L减小时，三极管VT_2的基极电压减小，其变化过程与上述相反，从而使调整管管压降减小，维持输出电压不变。

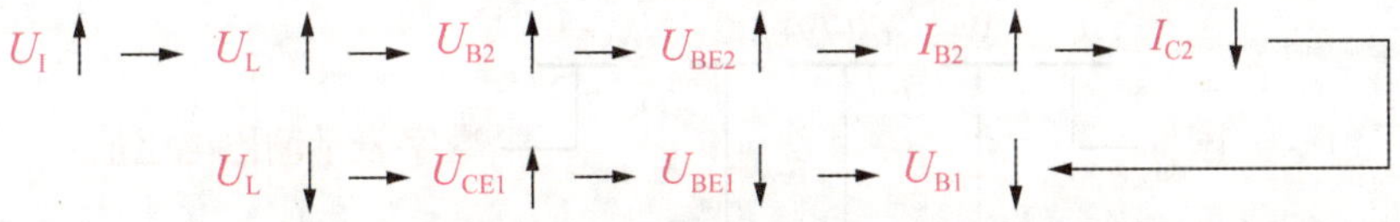

$$U_I\uparrow \to U_L\uparrow \to U_{B2}\uparrow \to U_{BE2}\uparrow \to I_{B2}\uparrow \to I_{C2}\downarrow$$
$$U_L\downarrow \to U_{CE1}\uparrow \to U_{BE1}\downarrow \to U_{B1}\downarrow$$

图 5.10　典型串联型可调稳压电路的稳压过程

由直流电路特点可知，串联型可调稳压电路的输出电压调节范围可估算，计算关系如下。VT_2 基极电流很小，可忽略不计，取样电路分压关系是

$$U_{B2}=\frac{R_4+R_{P(下)}}{R_3+R_4+R_P}U_L \tag{5.1}$$

整理得

$$U_L=\frac{R_3+R_4+R_P}{R_4+R_{P(下)}}(U_{VZ}+U_{BE2}) \tag{5.2}$$

因 $U_{VZ}\gg U_{BE2}$，故

$$U_L=\frac{R_3+R_4+R_P}{R_4+R_{P(下)}}U_{VZ} \tag{5.3}$$

其中，$\dfrac{R_4+R_{P(下)}}{R_3+R_4+R_P}$ 为分压比，又称为取样比，用 n 表示，输出电压调节范围计算公式为

$$U_L=\frac{U_{VZ}}{n} \tag{5.4}$$

四、集成稳压电源

集成稳压器是将调整管、取样放大、基准电压、启动和保护电路等全部集成在一块半导体芯片上形成的一种稳压集成块，集成稳压器功能全、性能好、体积小、质量小、应用灵活、工作可靠，而且安装调试简单。集成稳压器按原理可分为串联调整式、并联调整式、开关调整式 3 种；按引出端一般可分为三端集成稳压器和多端集成稳压器，其中以三端式集成稳压器（只有 3 个引脚）应用最广。下面主要介绍三端式集成稳压器。

1. 三端固定式集成稳压器

CW7800 和 CW7900 系列的三端集成稳压器外形及引脚排列如图 5.11 所示。三端是指电压输入、电压输出和公共接地三端，输出电压有正、负之分。

CW78×× 系列是输出固定正电压的集成稳压器，引脚分布为 1 脚输入端、2 脚输出端、3 脚公共端。CW79×× 系列是输出固定负电压的集成稳压器，引脚分布为 1 脚公共端、2 脚输出端、3 脚输入端。

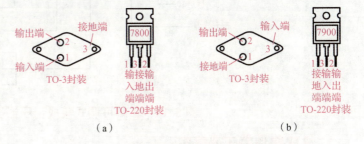

图 5.11　三端集成稳压器外形及引脚排列
(a) CW7800 系列；(b) CW7900 系列

三端固定式集成稳压器型号的组成及意义如图 5.12 所示。输出电压有 ±5V、±6V、±9V、±12V、±15V、±18V 和 ±24V 共 7 种。集成稳压器字母与最大输出电流对应表如表 5.1 所示。

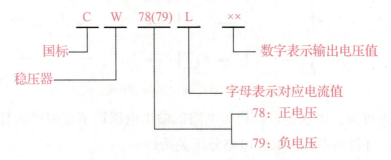

图 5.12　三端固定式集成稳压器型号的组成及意义

表 5.1　集成稳压器字母与最大输出电流对应表

字母	L	N	M	无字母	T	H	P
最大输出电流/A	0.1	0.3	0.5	1.5	3	5	10

2. 三端可调式集成稳压器

三端可调式集成稳压器的调压范围为 1.25~3V，常用的正压系列为 CW117/217/317，其引脚分布为 1 脚调整端、2 脚输出端、3 脚输入端。常用负压系列为 CW137/237/337，其引脚分布为 1 脚调整端、2 脚输入端、3 脚输出端。三端可调式集成稳压器的引脚排列如图 5.13 所示。

三端可调式集成稳压器不仅输出电压可调，稳压性能指标还优于固定式集成稳压器。

三端可调式集成稳压器型号的组成及意义如图 5.14 所示。产品序号（三位数字中后两位数字）17 表示输出为正电压，37 表示输出为负电压。

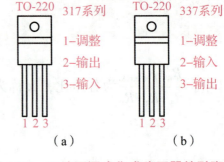

图 5.13　三端可调式集成稳压器的引脚排列
（a）CW117/217/317 系列引脚功能；
（b）CW137/237/337 系列引脚功能

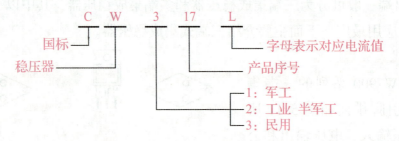

图 5.14　三端可调式集成稳压器型号的组成及意义

3. 集成稳压器主要参数

（1）最大输入电压 U_{Imax}

最大输入电压指稳压器输入端允许输入的最大电压，整流后的最大直流电压不能超过此值。

（2）最小输入输出压差 $(U_\text{I}-U_\text{L})_{\min}$

U_I 表示输入电压，U_L 表示输出电压，最小输入输出压差能保证稳压器正常工作所要求的输入电压与输出电压的最小差值。此参数与输出电压之和决定稳压器所需最低输入电压。输入电压过低，使输入输出压差小于$(U_I-U_L)_{min}$，稳压器输出纹波变大，性能变差。

(3) 输出电压范围

输出电压范围指稳压器参数符合指标要求时的输出电压范围。对于三端固定式集成稳压器，其电压偏差范围一般为±5%；对于三端可调式集成稳压器，应适当选择外接取样电阻分压网络，以建立所需的输出电压。

(4) 最大输出电流 I_{LM}

最大输出电流指稳压器能够输出的最大电流值，使用中不允许超出此值。

知识拓展

三端集成稳压器的应用

一、三端固定集成稳压器的应用

（一）基本应用电路

三端固定集成稳压器的基本应用电路如图 5.15 所示，图 5.15 (a) 为 CW78×× 系列组成的输出固定正电压的稳压电路，图 5.15 (b) 为 CW79×× 系列输出固定负电压，电容 C_1 用来滤波，C_2 用来改善负载的暂态响应。

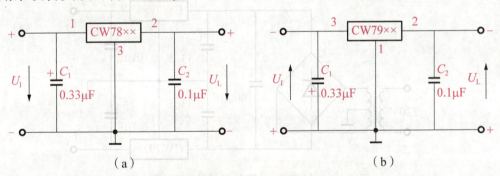

图 5.15　三端固定集成稳压器的基本应用电路

(a) CW78×× 系列输出固定正电压；(b) CW79×× 系列输出固定负电压

（二）提高输出电压的稳压电路

提高输出电压的稳压电路，需外接一些元件来适当提高输出电压，如图 5.16 所示。

图 5.16 中 $U_{××}$ 为 CW78×× 的输出电压，只要选择合适的 R_2/R_1，即可将需要的输出电压提高到所需数的值。输出电压的计算公式为

$$U_L = \left(1 + \frac{R_2}{R_1}\right)U_{××}$$

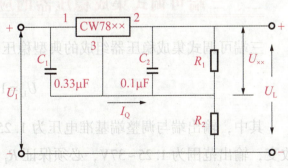

图 5.16　提高输出电压的稳压电路

提高输出电压的稳压电路的缺点是：随输入电压变化，I_Q 也发生变化，当 R_2 较大时会影响稳压精度。

（三）扩大输出电流的稳压电路

扩大输出电流的稳压电路用 PNP 型大功率管对稳压器分流，如图 5.17 所示。

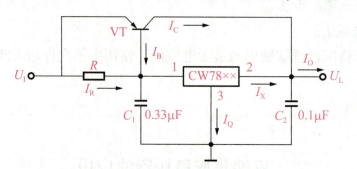

图 5.17 扩大输出电流的稳压电路

扩大输出电流的稳压电路输出电流的计算公式为

$$I_O = I_X + I_C$$

（四）输出正、负电压的稳压电路

输出正、负电压的稳压电路由 CW78×× 和 CW79×× 系列集成稳压器及共用的整流滤波电路组成，具有共同的公共端，可以同时输出正、负两种电压，如图 5.18 所示。

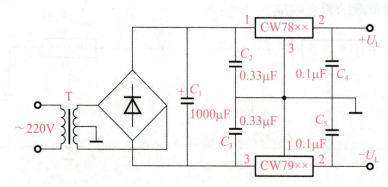

图 5.18 具有正、负电压输出的稳压电路

二、三端可调式集成稳压器的应用

三端可调式集成稳压器组成的典型稳压电路如图 5.19 所示，输出电压为

$$U_L = 1.25 \times \left(1 + \frac{R_2}{R_1}\right)$$

其中，输出端与调整端基准电压为 1.25V，当调节 R_2/R_1 比值时，输出电压 U_L 相应发生改变，输出范围为 1.25~37V，必须保证 $R_1 \leq 0.83\text{k}\Omega$，$R_2 \leq 23.74\text{k}\Omega$。

固定 CW317 或 CW337 调整端的 R_2/R_1 比值，就可以使输出电压固定，图 5.20 为 CW317 输出固定电压 3V 的应用电路。

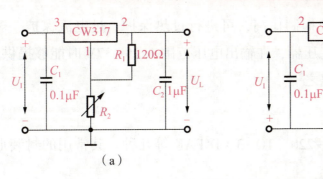

图 5.19 三端可调式集成稳压器组成的典型稳压电路

（a）CW317 组成的可调输出电压稳压电路；（b）CW337 组成的可调输出电压稳压电路

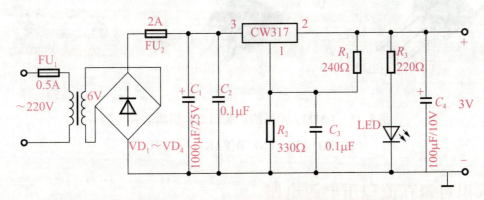

图 5.20 CW317 输出固定电压 3V 的应用电路

任务二　安装及调试音响电源

一款能满足各种功放电压要求的可调直流集成稳压电源是非常实用的。

工作任务描述

下面介绍 LM317 芯片及可调直流稳压电源电路。在相关任务工单中手工制作一款输出电压调节范围为 1.25～21V、输出电流为 1.5A 的可调直流集成稳压电源以满足不同电压要求的音响设备。

知识准备

一、认识 LM317

（一）LM317 的特点

LM317 既具备固定式三端稳压电路的形式，又具备输出电压可调的特点。其具有调压范围宽,稳压性能好,噪声低,纹波抑制比高,可进行过热保护、过电流保护、短路保护等优点。LM317是可调节三端正电压稳压器,在输出电压范围1.25~37V时能够提供超过1.5A的电流,是应用广泛的电源集成电路之一。

(二) LM317 的封装

LM317常见的封装形式有TO-220、TO-3、D^2PAK等几种。其常用的封装形式与引脚功能排列如图5.21所示。

图 5.21　LM317 常见的封装形式和引脚功能排列

(a) TO-220;(b) D^2PAK;(c) TO-3

二、认识可调直流稳压电源电路

可调直流稳压电源电路如图5.22所示。可调直流稳压电源电路中,桥堆 VD 把交流电源整流为直流电源,LM317 与 R_P、R_1、C_7 组成直流电源的稳压与调压电路。

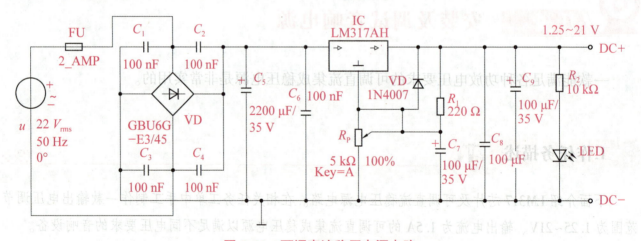

图 5.22　可调直流稳压电源电路

项目六

安装调试调光电路

项目引入

我国目前已成为制造大国,工业十分发达。晶闸管在工业、民用领域应用十分广泛。本项目我们一起使用晶闸管制作一个调光电路。

能力目标

知识目标

1. 能描述晶闸管的图形符号、导电特性、主要参数和类型。
2. 能正确检测和选用晶闸管,能描述晶闸管的保护措施。
3. 能描述单结晶体管的导电特性,能用万用表检测单结晶体管。
4. 能描述用单结晶体管构成触发电路的工作原理。
5. 能描述晶闸管可控整流电路的组成和工作原理。

技能目标

1. 能仿真检测晶闸管调光电路。
2. 能把晶闸管应用在变频、逆变、调压、控制等电路中。
3. 能正确选用、检测元器件。
4. 能正确使用万用表、示波器、电烙铁、信号发生器安装与调试晶闸管调光电路。

素养目标

1. 唤醒学生的民族自豪感及爱国情怀。
2. 培养学生的团队合作意识,提高其职业道德水平。

任务一 仿真检测晶闸管调光电路

通过控制晶闸管控制极改变晶闸管 A、K 两极电压,可以改变照明灯泡两端电压,实现亮度调节，因此晶闸管实现电压调节在电路中应用较广。晶闸管的类型较多，在电子产品设计、装配调试时，十分有必要认识其特性、结构、符号与参数。

工作任务描述

认识常见的晶闸管、单向晶闸管，学会使用万用表检测晶闸管。使用电子仿真软件 Multisim 14，仿真检测单向晶闸管调光电路，理解晶闸管可控整流电路的工作原理，以及晶闸管的工作特性、用途。

知识准备

一、晶闸管

（一）晶闸管的结构与类型

晶闸管又称可控硅（silicon controlled rectifier，SCR），从结构和功能上又可分为多种，这里仅介绍常用的单向晶闸管和双向晶闸管。

1. 单向晶闸管

（1）单向晶闸管的结构与符号

单向晶闸管的结构、符号如图 6.1 所示。单向晶闸管内部有 4 个区域，3 个 PN 结。外部引出 3 个电极：阳极 A、阴极 K、控制极（又称门极）G，文字符号为 VS。

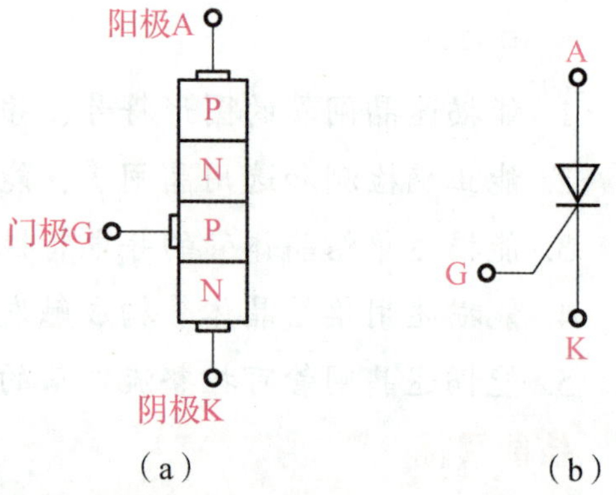

有的单向晶闸管外形类似于三极管，如图 6.2 所示。

（2）单向晶闸管的导通特性

当单向晶闸管阳极 A 与阴极 K 之间加正向电压，控制极 G 与阴极间（GK 之间 PN）加正向触发电压时，单向晶闸管才能被触发导通。此时，A、K 间呈低阻导通状态，阳极 A 与阴极 K 间压降约为 1V。单向晶闸管导通后，控制器 G 即使失去触发电压，只要阳极 A 和阴极 K 之间仍保持正向电压，单向晶闸管也会继续处于低阻导通状态。只有单向晶闸管阳极 A 与阴极 K 之间的正向电压消失或电压的极性发生改变（电流过零）时，单向晶闸管才由低阻导通状态转换为高阻截止状态。单向晶闸管一旦截止，即使阳极 A 和阴极 K 间又重新加上正向电压，单向晶闸管依然保持高阻截止状态，只有控制极 G 和阴极 K 间又重新加上正向触发电压，单向晶闸管才能重新导通。单向晶闸管的导通与截止状态相当于开关的闭合与断开状态，用它可制成一个开关。

（3）单向晶闸管的检测方法

1）引脚判别。

万用表置 R×1k 挡，设晶闸管 3 只引脚中任一脚为控制极，用黑表笔接控制极 G，再用红

图 6.1 单向晶闸管的内部结构和符号

表笔分别接触另外两个电极，若两次中只有一次呈现小阻值，PN结正向导通，则这一次黑表笔接的电极是控制极G，红表笔所接电极是阴极K。另一电极即为阳极A。若两次测得阻值都为无限大，所设电极不是控制极，再另选设一电极再测，直到测出为止。单向晶闸管引脚的判别如图6.3所示。

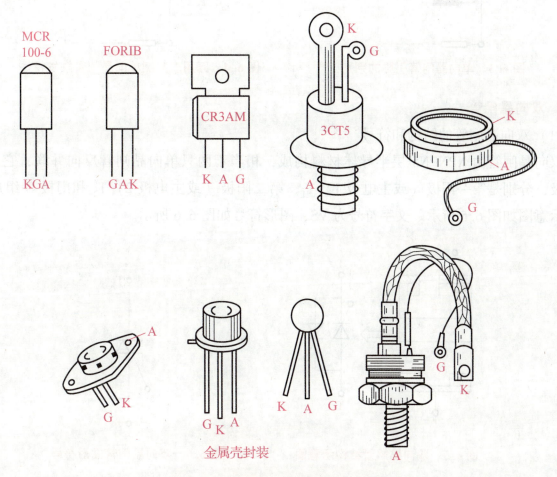

图6.2 几种常见单向晶闸管的外形

在测试中，判出了3个电极后，还要测试门极和阴极之间的反向电阻，若门极和阴极之间的反向电阻很小，说明G、K之间的PN结已损坏。若测试中任何两电极间正向电阻都很小或都是无限大，也说明晶闸管已损坏。

2) 触发特性测试。

测试出3个电极后，用万用表可简单测试单向晶闸管的触发特性，如图6.4所示。万用表调到$R\times1$挡，将黑表笔接A，红表笔接K；在A和G之间加一电阻（用人体电阻）或直接用黑表笔接触G，A、K之间呈导通状态（小电阻）；然后撤去A、G之间的电阻（或黑表笔与G断开），这时万用表仍保持导通状态，说明晶闸管触发特性良好。

对于电流在5A以上的中、大功率普通晶闸管，因其通态压降V_T、维持电流I_H及门极触发电压V_G均相对较大，万用表$R\times1$挡所提供的电流偏低，晶闸管不能完全导通，故检测时可在黑表笔端串接一只200Ω可调电阻和1~3节1.5V干电池（视被测晶闸管的容量而定，其工作电流大于100A的，应用3节1.5V干电池）进行测量。另外，也可用一简单电路来进行测试。

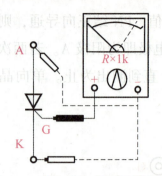

图 6.3 单向晶闸管引脚的判别

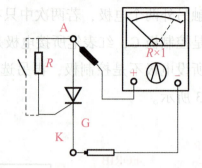

图 6.4 万用表判测单向晶闸管触发特性

2. 双向晶闸管

（1）双向晶闸管的结构和符号

双向晶闸管由 NPNPN 5 层半导体材料构成，相当于两只单向晶闸管反向并联，它也有 3 个电极，分别是第一阳极（或主电极 1）T_1、第二阳极（或主电极 2）T_2 和门极 G 组成。其结构示意图如图 6.5 所示。文字符号为 VS，图形符号如图 6.6 所示。

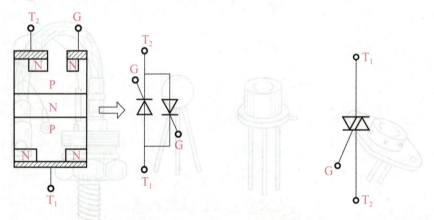

图 6.5 双向晶闸管结构示意图　　图 6.6 双向晶闸管图形符号

双向晶闸管是目前比较理想的交流开关器件，广泛应用于工业、交通、家用电器等领域，实现交流调压、电机调速、交流开关、路灯自动开启与关闭、温度控制、台灯调光、舞台调光等多种功能，它还用于固态继电器和固态接触器电路中。双向晶闸管外形如图 6.7 所示。

（2）双向晶闸管导通特性

双向晶闸管可以双向导通，即控制极加上正或负的触发电压，均能触发双向晶闸管正、反两个方向导通。双向晶闸管一旦导通，即使失去触发电压，也能继续维持导通状态。当主电极 T_1、T_2 电流减小至维持电流以下或 T_1、T_2 间电压改变极性，且无触发电压时，双向晶闸管才阻断，双向晶闸管阻断后，只有重新施加触发电压，才能再次导通。

（3）双向晶闸管检测方法

1）判别各电极。

从结构上看，G 与 T_1 极靠近，距 T_2 极较远。因此，G 与 T_1 间正反向电阻都很小。用万用表 R×1 挡或 R×10 挡分别测量双向晶闸管 3 个引脚间的正、反向电阻值，若测得某一引脚与其他两脚均不通，则此脚是电极 T_2。

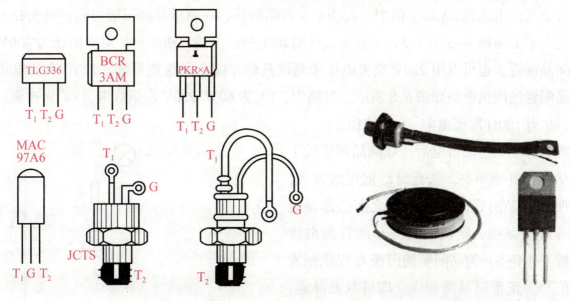

图 6.7 双向晶闸管外形图

找出 T_2 极之后,剩下的两脚便是电极 T_1 和门极 G。测量这两脚之间的正反向电阻值,会测得两个均较小的电阻值。在电阻值较小(几十欧姆)的一次测量中,黑表笔接的是主电极 T_1,红表笔接的是门极 G。

2)判别质量。

用万用表 $R×1$ 挡或 $R×10$ 挡测量双向晶闸管的 T_1 与 T_2 之间、T_2 与门极 G 之间的正、反向电阻值,正常时均应接近无穷大。若测得电阻值均很小,则说明该晶闸管电极间已击穿或漏电短路。

测量 T_1 与门极 G 之间的正、反向电阻值,正常时均应在几十欧姆至一百欧姆之间(黑表笔接 T_1 极,红表笔接 G 极时,测得的正向电阻值较反向电阻值略小一些)。若测得 T_1 极与 G 极之间的正、反处电阻值均为无穷大,则说明该晶闸管已开路损坏。

3)触发能力检测。

对于工作电流为 8A 以下的小功率双向晶闸管,可用万用表 $R×1$ 挡直接测量。测量时,先将黑表笔接 T_2,红表笔接 T_1,然后用镊子将 T_2 极与门极 G 短路,给 G 极加上正极性触发信号,若此时测得的电阻值由无穷大变为十几欧姆,则说明该晶闸管已被触发导通,导通方向为 $T_2 \to T_1$。

再将黑表笔接 T_1,红表笔接 T_2,用镊子将 T_2 极与门极 G 之间短路,给 G 极加上负极性触发信号时,测得的电阻值应由无穷大变为十几欧姆,则说明该晶闸管已被触发导通,导通方向为 $T_1 \to T_2$。

若在晶闸管被触发导通后断开 G 极,T_2、T_1 极间不能维持低阻导通状态而阻值变为无穷大,则说明该双向晶闸管性能不良或已经损坏。若给 G 极加上正(或负)极性触发信号后,晶闸管仍不导通(T_1 与 T_2 间的正、反向电阻值仍为无穷大),则说明该晶闸管已损坏,无触发导通能力。

对于工作电流在 8A 以上的中、大功率双向晶闸管，在测量其触发能力时，可先在万用表的某支表笔上串接 1~3 节 1.5V 干电池，再用 R×1 挡按上述方法测量。对于耐压为 400V 以上的双向晶闸管，也可以用 220V 交流电压来测试其触发能力及性能好坏。220V 交流电压测试双向晶闸管的测试电路如图 6.8 所示。电路中，EL 为 60W/220V 白炽灯泡，VT 为被测双向晶闸管，R 为 100Ω 限流电阻，S 为按钮。

将电源插头接入市电后，双向晶闸管处于截止状态，灯泡不亮。若此时灯泡正常发光，则说明被测晶闸管的 T_1、T_2 极之间已击穿短路；若灯泡微亮，则说明被测晶闸管漏电损坏。按下按钮 S，为晶闸管的门极 G 提供触发电压信号，正常时晶闸管应立即被触发导通，灯泡正常发光。若灯泡不能发光，则说明被测晶闸管内部开路损坏。

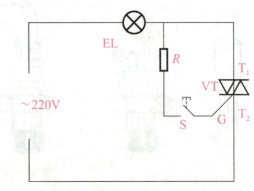

图 6.8　220V 检测交流电路测晶闸管触发特性

（二）晶闸管的主要参数

1. 电压参数

（1）正向阻断峰值电压 U_{DRM}

控制极断开和晶闸管正向阻断时，允许重复加在晶闸管两端的正向峰值电压，称为正向阻断峰值电压 U_{DRM}。此电压规定为正向转折电压的 80%。

（2）反向阻断峰值电压 U_{RRM}

在控制极断路时，允许重复加在晶闸管上的反向峰值电压，称为反向阻断峰值电压 U_{RRM}。此电压规定为反向击穿电压的 80%。

（3）控制极触发电压 U_G

在规定的环境温度及一定的正向电压（$u=6V$）条件下，晶闸管从关断到完全导通所需的最小控制极直流电压。特别提示：双向晶闸管的两个主电极没有正负之分，它的参数中也就没有正向峰值电压与反向峰值电压之分，而只用一个最大峰值电压。

2. 电流参数

（1）额定正向平均电流 I_F

在环境温度大于 40℃ 时，在标准散热条件下，可以连续通过 50Hz 正弦半波电流的平均值，称为额定正向平均电流。

（2）维持电流 I_H

在规定的环境温度和控制极断路的情况下，维持晶闸管继续导通时需要的最小阳极电流称为维持电流 I_H。它是晶闸管由通转断的临界电流，阳极电流 $I_A<I_H$ 时，管子自动阻断。

（3）控制极触发电流 I_G

阳极与阴极之间加直流 6V 电压时，使晶闸管从关断到完全导通所必需的最小控制极直流电流。

（三）晶闸管应用

图 6.9 为半波可控整流电路原理图，在 U_2 的正半周期内，加于晶闸管 VS 的阳极电压为正，在没加触发电压时，所以 VS 是阻断的，负载 R_L 上无电流通过，输出电压 $U_o=0$。若对 VS 加上触发脉冲 U_g，则晶闸管 VS 立即导通，电源电压全部加在负载 R_L 上，输出电压 $U_o=U_2$。当 U_2 正

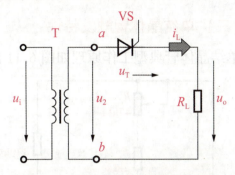

图 6.9　半波可控整流电路原理图

半周结束降至零时，流过晶闸管的电流随之降至零，晶闸管关断，输出电流、电压都变为零。直到 U_2 第二周期的正半周，晶闸管被再次触发导通，输出电压 $U_o=U_2$，如此循环不断。

二、单结晶体管

（一）单结晶体管结构和符号

单结晶体管（简称 UJT）又称双基极二极管，它是一种只有一个 PN 结和两个电阻接触电极的半导体器件，它的基片为条状的高阻 N 型硅片，两端分别用欧姆接触引出两个基极 B_1 和 B_2。在硅片中间略偏 B_2 一侧用合金法制作一个 P 区作为发射极 E。其结构、符号和等效电路如图 6.10 所示。

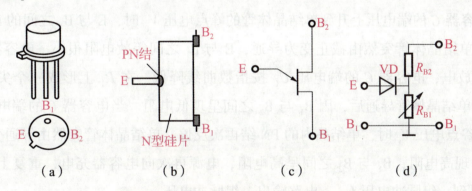

图 6.10　单结晶体管的外形与图形符号

单结晶体管具有大的脉冲电流能力而且电路简单，因此在各种开关应用中，在构成晶闸管触发电路、脉冲发生器、定时电路等方面获得了广泛应用。它的开关特性具有很高的温度稳定性，基本不随温度的变化而变化。

（二）单结晶体管的检测方法

判断单结晶体管发射极 E 的方法是把万用表置于 $R\times100$ 挡或 $R\times1k$ 挡，黑表笔接假设的发射极，红表笔接另外两极，当出现两次低电阻时，黑表笔接的就是单结晶体管的发射极 E。一般靠近凸耳的一脚为发射极。

单结晶体管 B_1 和 B_2 的一般判断方法是把万用表置于 $R\times100$ 挡或 $R\times1k$ 挡，用黑表笔接发

射极,红表笔分别接另外两极,两次测量中,电阻大的一次,红表笔接的就是 B_1 极。

(三) 单结晶体管触发特性

单结晶体管典型工作原理如图 6.11 所示,波形如图 6.12 所示。

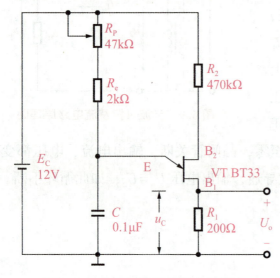

图 6.11 单结晶体管典型工作原理

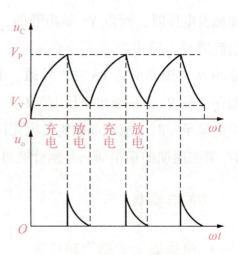

图 6.12 单结晶体管典型工作波形

在电路接通的一瞬间,电容器 C 的端电压 U_C 近似为零,单结晶内的 PN 结反向偏置,等效电路中的二极管 VD 截止,单结晶体管截止,这时 E 与 B_1 之间呈现高电阻,B_1 与 B_2 之间呈现高电阻,电源通过 R_P、R_e 对电容器充电,电容器 C 的端电压 U_C 按指数曲线升高,如图 6.12 所示。当电容器 C 的端电压上升到单结晶体管的峰点电压 V_P 时,E 与 B_1 之间的 PN 结由截止变为导通,单结晶体管突然由截止变为导通,E 与 B_1 之间等效电阻很小,电容器 C 通过 E、B_1、R_1 迅速放电,电容器 C 的端电压 U_C 按指数曲线降低,在 R_1 上形成一个尖脉冲,如图 6.12 所示。单结晶体管导通后,因 B_1 与 B_2 之间呈现低电阻。当电容器 C 的端电压降低到单结晶体管的谷点电压 V_V 时,单结晶内的 PN 结再次反偏,单结晶体管突然由导通变为截止,E 与 B_1 之间呈现高电阻,B_1 与 B_2 之间呈高电阻,电源再次向电容器充电,重复上述过程,于是在 R_1 上得到一组脉冲电压 U_{R1},电路输出一组脉冲电压。

单结晶体管相当于一个开关,当加在它发射极 E 上的电压达到峰点电压时,单结晶体管突然由截止变为导通。单结晶体管一旦导通后,只有当加在发射极上的电压下降到谷点电压时,单结晶体管才会突然由导通变为截止。

任务二 安装及调试调光电路

可控调光电路在实际生活中应用非常广泛,把调光电路制作为产品非常有意义。

工作任务描述

单向可控调光电路的实现离不开单向晶闸管,下面来认识单向晶闸管MCR100系列。在相关工单中根据单向可控调光电路,列所需元器件清单,使用万用表检测电子元器件,使用PCB制版软件设计电路板,使用焊接装配技术制作调光灯产品。

知识准备

一、认识单向晶闸管MCR100系列

(一)单向晶闸管MCR100系列的电特性

单向晶闸管MCR100系列有MCR100-3、MCR100-4、MCR100-5、MCR100-6、MCR100-7、MCR100-8,它们的极限参数断态重复峰值电压分别为100V、200V、300V、400V、500V、600V,其通态均方根电流IT(RMS)均为0.8A,其通态平均电流IT(AV)均为0.5A,其通态不重复浪涌电流ITSM为10A,其门极峰值功率PGM为0.5W。单向晶闸管MCR100系列的电特性如表6.1所示。

表6.1 单向晶闸管MCR100系列的电特性

符号	参数	数值	单位
I_{GT}	门极触发电流	10~200	μA
V_{GT}	门极触发电压	0.8	V
V_{GD}	门极不触发电压	0.2	
I_H	维持电流	3	mA
I_L	擎住电流	4	
dV_D/dt	断态电压临界上升率	10	V/μs
V_{TM}	通态压降	1.5	V

(二)单向晶闸管MCR100系列的封装

国产单向晶闸管MCR100系列具有PNPN共4层结构、门极灵敏触发、P型对通扩散隔离、台面玻璃钝化工艺、背面多层金属电极、符合RoHS规范等特点,常用的封装形式有SOT-23-3L、TO-92等,其1、2、3脚分别为阴极、阳极、控制极。MCR100系列的封装外形及引脚图如图6.13所示。

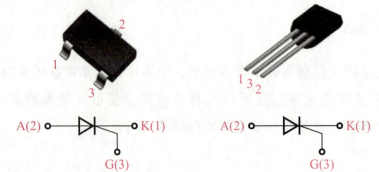

A：阳极　K：阴极　G：触发极　　A：阳极　K：阴极　G：触发极

图 6.13　单向晶闸管 MCR100-3 的封装外形及引脚图

（a）SOT-23-3L 封装；（b）TO-92 封装

二、MCR100 系列单向晶闸管应用电路

MCR100 系列单向晶闸管主要用于脉冲点火器、负离子发生器、逻辑电路驱动、彩灯控制器、漏电保护器、吸尘器软启动等控制电路。图 6.14 所示为 MCR100 系列单向晶闸管照明应用电路。图 6.14 所示的单向晶闸管照明应用电路可采用 MCR100-6、MCR100-8 单向晶闸管，用于 15~40W 白炽灯的调光。

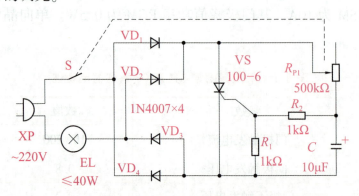

图 6.14　MCR100 系列单向晶闸管照明应用电路

项目七

安装调试音响功率放大器

项目引入

在我国边境防卫中常有外侵分子欲越境破坏国家安全。此时，边防人员会使用一个大功率扬声器对其进行警告、驱赶。这个大功率扬声器采用了大功率音频放大器实现。本项目我们就来制作一个音响功率放大器。

能力目标

知识目标

1. 能描述功率放大器的特点和类型。
2. 能描述甲类功率放大器的特点，能仿真检测甲类功率放大器。
3. 能描述乙类功率放大器的特点，能仿真检测乙类功率放大器。
4. 能描述典型集成功率放大器的引脚功能，能识读集成功率放大器引脚。
5. 能描述集成功率放大器的典型应用，能分析集成功率放大器应用电路。

技能目标

1. 能正确选用元器件，能用万用表检测元器件。
2. 能正确使用万用表、示波器、电烙铁、信号发生器。
3. 能安装与调试用 LM386 集成功率放大器构成的音响功率放大器。
4. 会估算甲类、乙类、甲乙类功率放大器的输出功率、效率。

素养目标

1. 养成相互协作的团队意识，能够解决操作过程遇到的随机问题。
2. 唤醒学生的民族自豪感及爱国情怀。

任务一　仿真检测甲类功率放大器

功率放大器在放大电路的末级，起功率放大作用，使放大电路具有足够功率驱动执行机构，如使扬声器发声、继电器动作、仪表指针偏转等。

工作任务描述

通过网络查询及提供图片认识功率放大器特点、种类，以及使用仿真软件理解甲类功率放大器的特点、工作原理。

知识准备

一、功率放大器概念

多级放大器的最后一级称为功率放大器。功率放大器的主要任务是将经过前级放大的信号进行功率放大，输出足够的功率推动负载工作。

（一）功率放大器的特点

功率放大器需要输出足够大的功率推动负载工作，具有输入信号与输出信号的幅度较大，工作在极限线性状态，工作动态范围大，输出信号存在一定程度的失真，功耗大需要加散热器等特点。

（二）对功率放大器的技术要求

1. 具有足够大的输出功率

功率放大器输出信号电压与电流的乘积称为功率。为了得到足够大的功率，必须使功率放大管的输出的电流和电压的变化幅度尽可能大。为了能安全输出足够大的功率，功率放大器元件参数必须达到功率要求。

2. 效率要高

功率放大器是一种能量转换电路，它将直流电源的能量转换为交流信号的能量输出。功率放大器的输出信号功率 P_o 与直流电源消耗的功率 P_E 的比值称为功率放大器的效率，用字母 η 表示，即

$$\eta = \frac{P_o}{P_E} \times 100\% \tag{7.1}$$

式中，P_o——输出信号功率；

P_E——直流电源消耗的功率。

3. 非线性失真要小

功率放大器为了获得足够大的功率，其电流电压信号太大会超出三极管特性曲线的线性区而产生非线性失真。这要求从电路结构上采取一些措施，以保证输出波形尽可能不失真。

4. 散热良好

一般要给功率放大管加装散热器，以提高功放管的允许耗散功率，从而提高功率放大器的输出功率。

（三）功率放大器的类型

1. 按三极管的工作状态分类

按三极管的工作状态不同，功率放大器可分为甲类、乙类和甲乙类等。

（1）甲类

甲类功率放大器功放管的静态工作点设置较高，在输入信号为零时，功放管工作在放大状态，功放管静态集电极电流不为零，在输入信号的整个周期内功放管集电极始终有电流连续流动，这种功率放大器失真小，但效率低，实际应用中为30%～35%，功率损耗大。

（2）乙类

乙类功率放大器功放管的静态基极偏置电流为零，在输入信号为零时，工作在截止状态，功放管静态集电极电流为零，静态功耗也为零。在输入信号的整个周期内，由于存在死区，功放管的导通时间小于半个周期，该类功放效率较高，最高可达78%，但是失真很大，双管互补对称乙类功率放大器两只功放管交替工作时容易产生交越失真。

（3）甲乙类

给乙类功率放大器功放管加上较小的静态基极偏置电流就得到甲乙类功率放大器。静态时，这类功率放大器的功放管工作在微导通状态，功放管静态集电极电流很小，静态功耗也很小。甲乙类功率放大器兼有甲类功率放大器失真小和乙类功率放大器效率高的优点，改善了乙类功率放大电路的交越失真问题，转换效率高，目前广泛用于家庭音、专业音响、汽车音响系统中。

2. 按输入信号频率分类

按输入信号频率不同，功率放大器可分为低频功率放大器和高频功率放大器，低频功率放大器主要用于放大音频范围（几十赫兹到几十千赫兹）的信号，高频功率放大器主要用于放大射频范围视频范围（几百千赫兹到几十兆赫兹）的信号。

二、甲类功率放大器

简单的单管甲类功率放大器如图7.1（a）所示，功率放大器的静态工作点始终位于特性曲线的放大区，工作点的移动范围也在放大区，整个信号周期内均有电流 i_C 通过功率放大器，如图7.1（b）所示。

在没有输入信号时，这些功率全部消耗在管子和电阻上，管功耗较大（故管耗和静态量有很大关系），效率低。有输入信号时，信号整个周期都在放大区，无失真，均对信号进行放大。

甲类功率放大器的特点如下：

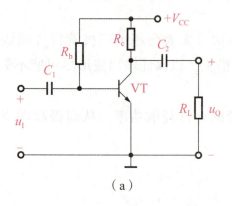 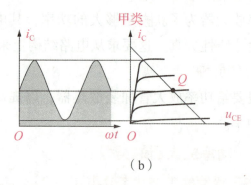

(a) (b)

图 7.1 甲类功率放大器及功率放大管工作状态

(a) 简单的甲类功率放大器电路; (b) 甲类功率放大器静态工作点

1) 甲类功率放大器的工作方式具有最佳的线性,三极管均放大信号全波,不存在交越失真。

2) 甲类功率放大器是播放音乐最好的选择,能提供非常平滑的音质,音色圆润温暖,高音透明开扬。

3) 甲类功率放大器耗电高,多数功率消耗在三极管和电阻上,效率最大为50%,较低。

4) 甲类功率放大器产生的热量多,甲类功率放大器必须采用大型散热器,否则容易烧毁三极管。图 7.2 为一款 20W 甲类立体声功率放大器电路板。

图 7.2 20W 甲类立体声功率放大器电路板

5) 甲类功放的售价约为同等功率的乙类功放的两倍甚至更多。

三、甲类功率放大器的输出功率与效率

甲类功率放大器实际使用时常采用集电极变压器阻抗匹配输出,如本书配套任务工作页中图 7.1 所示,该电路的输出功率 P_o,也就是功放管的集电极输出功率 P_c,可根据功率计算公式即式 7.2 计算。

$$P_o = I_o U_o = P_c = I_c U_{ce} = \frac{I_{cm}}{\sqrt{2}} \times \frac{U_{cem}}{\sqrt{2}} = \frac{1}{2} I_{cm} \cdot U_{cem} \tag{7.2}$$

式中,P_o——功放管输出功率;

I_c——功放管集电极电流有效值;

U_{ce}——功放管集电极端电压有效值;

I_{cm}——功放管集电极最大电流;

U_{cem}——功放管集电极最大端电压。

由电路特点可知,在输出信号最大不失真时,I_{cm} 与电源输出电流 I_E 约相等,U_{cem} 与电源电压 U_E 约相等,即甲类功率放大器最大输出功率为

$$P_{om} \approx \frac{1}{2} I_E \cdot U_E \tag{7.3}$$

式中，P_{om}——功率放大器最大输出功率；

I_E——电源输出电流，

U_E——电源电压。

而电源的供给功率为

$$P_E = I_E \cdot U_E$$

式中，P_E——电源的供给功率。

则甲类功率放大器最大效率为

$$\eta_m = \frac{P_{om}}{P_E} = \frac{\frac{1}{2}I_E U_E}{I_E U_E} = \frac{1}{2} = 50\%$$

式中，η_m——甲类功率放大器最大效率。

可见，甲类功率放大器的最大不失真输出功率仅为电源供给功率的一半，效率很低。在实际应用中存在变压器损耗、不在极限状态等因素，实际效率往往只有仅为30%~35%。

仿真检测乙类和甲乙类功率放大器

为了克服甲类功率放大器的缺点，提高效率，降低功率放大器的发热量，采用乙类功率放大器。但乙类功率放大器不实用，实用中常采用甲乙类功率放大器。

工作任务描述

通过分析乙类功率放大器的特点，使用电子仿真软件 Multisim 14 仿真检测乙类功率放大器，学习乙类功率放大电路特点及效率。为克服乙类功率放大器的缺点，仿真检测甲乙类功率放大器，分析其实用性。

知识准备

一、乙类功率放大器

（一）乙类功率放大器电路

1. 单管乙类功率放大器电路

将甲类功率放大器的基极偏置电阻去掉，就构成了单管乙类功率放大器，如图7.3（a）所示。静态时，功放管处于截止状态，功放管集电极电流为零，无电能消耗，因此效率最高可到达78%。在信号正半周到来时，由于存在死区，信号不能被全部放大，导致输出正半周信号部分损失；在信号负半周到来时，功放管截止无输出波形，单管乙类功率放大器电路的静态工作点与输出波形如图7.3（b）所示。这种单管乙类功率放大器电路没有实际意义。

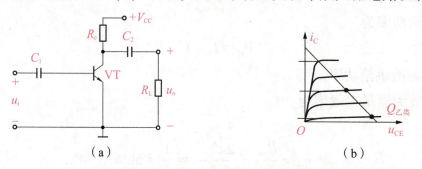

图7.3　单管乙类功率放大器电路及功率放大管的工作状态与输出波形

（a）单管乙类功率放大器电路；（b）单管乙类功率放大器电路静态工作点

2. 双管互补对称乙类功率放大器电路

（1）双管互补对称乙类功率放大器电路

双管互补对称乙类功率放大器电路采用两个特性相同、类型不同的功率放大器构成，双电源供电，如图7.4（a）所示，一只功率放大器在正半周导通，另一只在负半周导通，两管交替导通的推挽工作方式，并在负载上将它们的集电极电流波形合成为完整的正弦波，即乙类推挽具有"两管交替工作"和"输出波形合成"两个功能。

双管互补对称乙类功率放大器电路基极是零配置，而三极管 VT_1、VT_2 都存在死区电压，因此在正、负半周输入信号低于死区电压时，两只三极管是截止的，此时无输出电压，这样就在输出电压的正、负半周交界处产生失真。由于这种失真发生在两管交替工作的时刻，故称为交越失真，如图7.4（b）所示。

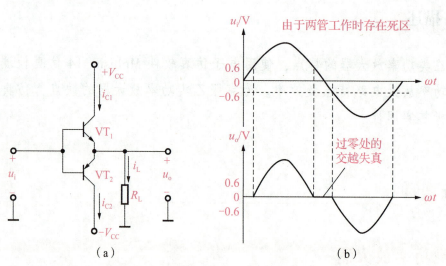

图7.4　双管互补对称乙类功率放大器电路及输出波形

（a）互补对称乙类功率放大器电路图；（b）互补对称乙类功率放大器输出波形图

（2）双管互补对称乙类功率放大器的特点

1）双管互补对称乙类功率放大器电路由一对对称的异型三极管构成，两只功率放大器与负载 R_L 组成射极跟随器。

2）双管互补对称乙类功率放大器电路采用$\pm V_{CC}$两组电源供电。

3）双管互补对称乙类功率放大器电路中两个管子在信号周期内交替工作，一只在输入信号正半周导通，另一只在负半周导通，犹如一推一挽，各自产生半个周期的信号波形，合成完整的波形。

4）双管互补对称乙类功率放大器的每只管子只有半个周期内导通，管子的导通角为180°，静态电流等于零，效率远远高于甲类功率放大器。

5）双管互补对称乙类功率放大器虽然管耗小，效率高，但存在严重的交越失真，使输入信号的一部分波形被削掉。在作为音响功率放大时使输出音质严重失真，不能成为实用的功率放大电路。

（二）乙类功率放大器的输出功率与效率

图 7.4（a）所示的双管互补对称乙类功率放大器的输出功率 P_o 可根据式（7.4）计算。

$$P_o = I_o U_o = P_c = I_c U_{ce} = \frac{I_{cm}}{\sqrt{2}} \times \frac{U_{cem}}{\sqrt{2}} = \frac{1}{2} \frac{U_{cem}}{R_L} \cdot U_{cem} = \frac{U_{cem}^2}{2R_L} \quad (7.4)$$

式中，R_L——负载电阻。

双管互补对称乙类功率放大器因为是双电源双管轮流工作，每只管子的极限工作电压都是电源电压 U_E，工作在极限状态时，该功率放大器输出功率为

$$P_{om} = \frac{U_E^2}{2R_L} \quad (7.5)$$

而电源输出功率 P_{CC} 通过数学知识可得

$$P_{CC} = \frac{2}{\pi} \frac{U_E^2}{R_L} \quad (7.6)$$

式中，P_{CC}——电源输出功率

可见，双管互补对称乙类功率放大器的理想最大效率为

$$\eta_m = \frac{P_{om}}{P_{CC}} = \frac{\dfrac{U_E^2}{2R_L}}{\dfrac{2U_E^2}{\pi R_L}} = \frac{\pi}{4} = 78.5\%$$

式中，η_m——乙类功率放大器最大效率。

可见，乙类功率放大器的最大不失真输出效率明显提高。

二、甲乙类功率放大器电路

（一）甲乙类功率放大器电路

甲乙类功率放大器介于甲类与乙类之间，是为了克服双管互补对称乙类功率放大器的交越失真，在两功放管的基极之间加一个很小的正向偏置电压，其值约为两功放管的死区电压之和。静态时，两功放管处于微导通的工作状态，虽然有很小的静态电流，但两个电流大小

相等方向相反，不产生输出信号。有信号到来时，两管在正负半周轮流导通，输出一个完整的波形，消除了交越失真。常用甲乙类功率放大器电路有 OCL、OTL、BTL 等类型。常用的甲乙类功率放大器电路如图 7.5 所示。

没有输出变压器的互补对称功率放大器称为 OTL（output transformerless）功率放大器，如图 7.5（a）所示。OTL 功率放大器电路的优点是可以使用单电源供电，缺点是需要通过体积较大的电解电容作为输出耦合。没有输出电容器的互补对称功率放大器称为 OCL（output capacitorless）功率放大器，如图 7.5（b）所示。OCL 功率放大器电路的优点是省去体积较大的

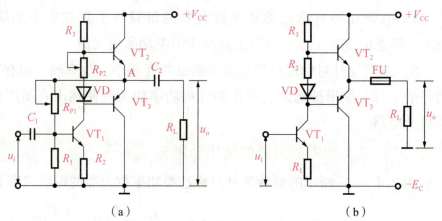

图 7.5　常用的甲乙类功率放大器电路
(a) OTL 功率放大器；(b) OCL 功率放大器

输出电容，频率特性好，缺点是需要双电源供电，对电源的要求稍高。

（二）甲乙类功率放大器的输出功率与效率

在实际电路中，为了提高功率放大器的效率，在设置功放管基极偏置时，应尽可能接近乙类。因此，甲乙类互补对称功率放大器电路的参数估算可近似按乙类功率放大器处理。

1. OCL 功率放大器电路的输出功率与效率

OCL 功率放大器电路与双管互补对称乙类功率放大器基本相同的，因此 OCL 的最大输出功率 P_{om} 为

$$P_{om} = \frac{U_E^2}{2R_L} \tag{7.7}$$

理想最大效率为

$$\eta_m = \frac{P_{om}}{P_{CC}} = \frac{\pi}{4} \approx 78.5\%$$

OCL 电路的最大效率为 78.5%，实际效率接近 60% 左右。

2. OTL 功率放大器电路的输出功率与效率

OTL 功率放大器电路中采用单电源，每只功放管的工作电压为 $\dfrac{U_E}{2}$，则负载上获得的最高电压约等于电源电压的一半，因此 OTL 功率放大器的最大输出功率为

$$P_{om} = \frac{U_{om}^2}{2R_L} = \frac{\dfrac{U_E}{2} \dfrac{U_E}{2}}{2R_L} = \frac{U_E^2}{8R_L} \tag{7.8}$$

OTL 的最大效率与 OCL 电路相似，实际效率接近 60% 左右。

任务三 安装及调试音响功率放大器

音响功率放大器在不同应用场合有不同的种类，有分立元件、集成电路，有简单的、发烧级的，有单声道、双声道的，价格从几元到几十万元不等。

工作任务描述

下面主要介绍 LM386 的基本知识。本任务工单中要求根据 LM386 单声道功率放大器电路原理图，列所需元器件清单，使用万用表检测电子元器件，在 37mm×41mm 的电路板上正确插装与焊接稳压器元器件。安全进行检测、调试 LM386 功率放大器电路，明确带载能力、音质情况。

知识准备

一、功率放大器集成电路 LM386

大功率功率放大器一般采用分立元件，其电路复杂、调试有难度。制作简单、免调试、成本低的功率放大器一般采用集成功率放大器电路，集成功率放大器电路有模拟电路，也有数字集成电路（D类功率放大器）。模拟功率放大器集成电路型号很多，常见的有 8002B、LM386、TDA2030、LM1876、LM4766、TDA7293、LM3886 等。

LM386 是美国国家半导体公司生产的音频功率放大器，主要应用于低电压消费类产品。为使外围元件最少，电压增益内置为 20。但在 1 脚和 8 脚之间增加一只外接电阻和电容，便可将电压增益调为任意值，直至 200。输入端以地位参考。同时，输出端被自动偏置到电源电压的一半，在 6V 电源电压下，它的静态功耗仅为 24mW，使 LM386 特别适用于电池供电的场合。

LM386 的封装形式有塑封 8 引线双列直插式和贴片式。其外形和引脚功能如图 7.6 所示。LM386 的 1 脚与 8 脚为增益调整端，当两脚开路时，电压放大数为 20 倍，当两脚间接 10μF 电容时，电压放大倍数为 200 倍；2 脚为反相输入端；3 脚为同相输入端；4 脚为地端；5 脚为输出端；6 脚为电源正端；7 脚为旁路端；6 脚与地之间接 10μF 电容可消除可能产生的自激振荡，如没有振荡 7 脚可悬空不接。

LM386 电源电压为 4~12V，音频功率 0.5W。当电源电压为 12V 时，在 8Ω 负载的情况下，可提供几百毫瓦的功率。它的典型输入阻抗为 50kΩ。

其电路特点如下：
1）外接元件极少，不需要用输入耦合电容。
2）负反馈电路在内部，电压增益可调在 20~200，低失真度。

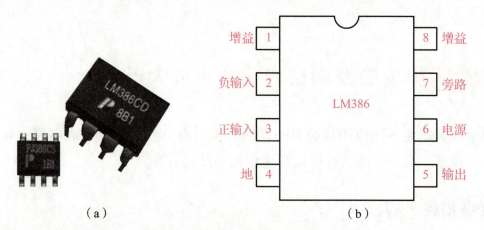

图 7.6　LM386 外形和引脚功能

（a）封装外形；（b）引脚功能

3）输入级采用仪表用放大器的形式，带有同相输入和反相输入两个引脚。

二、LM386 典型应用电路

1. 功率放大器增益为 20 的应用电路

功率放大器增益为 20 的应用电路如图 7.7 所示。

2. 功率放大器增益为 200 的应用电路

功率放大器增益为 200 的应用电路如图 7.8 所示。

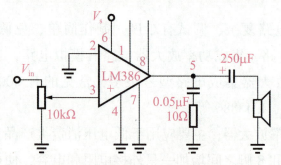

图 7.7　增益为 20 的应用电路

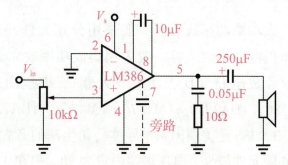

图 7.8　增益为 200 的应用电路

3. 功率放大器增益为 50 的应用电路

功率放大器增益为 50 的应用电路如图 7.9 所示。

4. 功率放大器提升低频的应用电路

功率放大器提升低频的应用电路如图 7.10 所示。

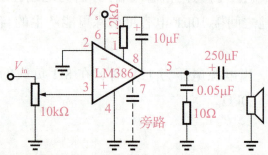

图 7.9　增益为 50 的应用电路

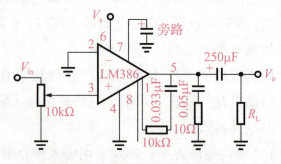

图 7.10　提升低频的应用电路

目录

项目一　安装调试整流滤波电路 ……………………………………………… 1
　　任务一　认识与检测二极管 ……………………………………………… 1
　　任务二　仿真检测整流电路 ……………………………………………… 4
　　任务三　仿真检测滤波电路 ……………………………………………… 7
　　任务四　安装及调试整流滤波电路 ……………………………………… 11

项目二　安装调试助听器 …………………………………………………… 15
　　任务一　认识与检测三极管 ……………………………………………… 15
　　任务二　仿真检测基本放大电路 ………………………………………… 18
　　任务三　仿真检测多级放大器 …………………………………………… 22
　　任务四　仿真检测负反馈放大电路 ……………………………………… 27
　　任务五　安装及调试助听器 ……………………………………………… 30

项目三　安装调试金属探测仪 ……………………………………………… 34
　　任务一　仿真检测振荡器 ………………………………………………… 34
　　任务二　安装及调试金属探测仪 ………………………………………… 38

项目四　安装调试音频前置放大器 ………………………………………… 42
　　任务一　仿真检测差动放大电路 ………………………………………… 42
　　任务二　仿真检测集成运算放大器 ……………………………………… 44
　　任务三　安装及调试音频放大器 ………………………………………… 48

项目五　安装调试直流稳压电源 …………………………………………… 52
　　任务一　仿真检测直流稳压电源 ………………………………………… 52

任务二　安装及调试音响电源 ……………………………………………………… 58

项目六　安装调试调光电路 …………………………………………………………… 62
　　任务一　仿真检测晶闸管调光电路 ………………………………………………… 62
　　任务二　安装及调试调光电路 ……………………………………………………… 67

项目七　安装调试音响功率放大器 …………………………………………………… 71
　　任务一　仿真检测甲类功率放大器 ………………………………………………… 71
　　任务二　仿真检测乙类和甲乙类功率放大器 ……………………………………… 74
　　任务三　安装及调试音响功率放大器 ……………………………………………… 81

项目一

安装调试整流滤波电路

任务一 认识与检测二极管

任务实施

一、万用表检测二极管

先将指针式万用表置于 $R×1k$ 挡,调零,然后分别用红、黑表笔接触二极管的两引脚,观察指针偏转现象。交换红、黑表笔,再次用红、黑表笔接触二极管的两引脚,观察指针偏转现象。根据图 1.1 和表 1.1 所示的方法判别二极管的质量与引脚极性,完成表 1.2 中的实验任务。

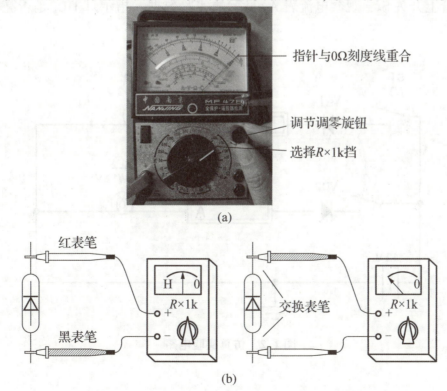

图 1.1 指针式万用表检测二极管极性与质量

表 1.1　万用表检测二极管极性与质量

实验现象	引脚及质量判断
万用表指针一次偏转较大,一次偏转较小	万用表指针偏转较大的一次,黑表笔所接为正极,红表笔所接为负极。二极管可用
万用表指针两次都不偏转	万用表指针不偏转,显示二极管的阻值无穷大,说明二极管内部断路。二极管损坏不可用
万用表指针两次都满偏	万用表指针满偏,显示二极管的阻值为零,说明二极管内部短路。二极管损坏不可用

表 1.2　万用表检测判别二极管质量与引脚极性

检测元件	实验现象	二极管质量与引脚判别
元件 1		
元件 2		
元件 3		
元件 4		

二、仿真检测二极管的特性

步骤一：用 EWB 仿真软件搭接如图 1.2 所示的仿真实验电路,接通仿真电源,合上开关 S_1,观察电流表 A_1 显示的实验数据,指示灯 HL_1 是否亮,完成表 1.3 中的实验任务。

步骤二：合上开关 S_2,观察电流表 A_2 显示的实验数据,指示灯 HL_2 是否亮,完成表 1.3 中的实验任务。

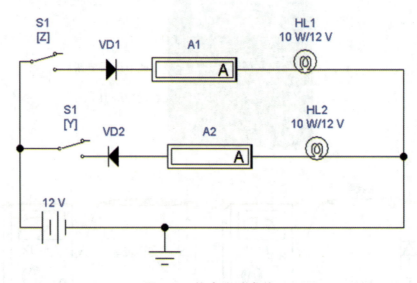

图 1.2　仿真实验电路

表 1.3　仿真检测二极管的特性

操作	实验现象		
	电路的电流/mA	指示灯的状态（亮或灭）	二极管的状态（正偏导通或反偏截止）
合 S_1	A_1	HL_1	VD_1
合 S_2	A_2	HL_2	VD_2

三、巩固练习

1. 万用表测量二极管的极性与质量应该置于 $R×1k$ 挡，调零后，分别用红、黑表笔接触二极管的两引脚，交换红、黑表笔，再次用红、黑表笔接触二极管的两引脚，万用表指针偏转较大的一次，黑表笔所接为＿＿＿极，红表笔所接为＿＿＿极，二极管＿＿＿用（可、不可）。

2. 万用表测量二极管的极性与质量时，如果两次万用表指针满偏，显示二极管的阻值为零，说明二极管内部＿＿＿路（断、短），二极管＿＿＿用（可、不可）。如果两次万用表指针不偏转，显示二极管的阻值无穷大，说明二极管内部＿＿＿路（断、短），二极管＿＿＿用（可、不可）。

3. 二极管阳极接电源正极，阴极接电源负极时＿＿＿，二极管阳极接电源负极，阴极接电源正极时＿＿＿。（正偏导通，反偏截止）

任务评价

识别与检测二极管职业能力评比计分表如表 1.4 所示。

表 1.4　识别与检测二极管职业能力评比计分表

项目	配分	评分标准	自评	互评	师评	平均
万用表检测二极管	20	能正确检测二极管（10分）； 能正确识判别二极管极性（5分）； 能正确判别二极管质量（5分）				
仿真检测二极管的特性	30	能正确搭接仿真电路（10分）； 能正确识读电流表读数（5分）； 能正确观察指示灯状态（5分）； 能正确判别二极管的工作状态（10分）				
巩固练习	20	错一空扣5分				
学习态度	10	迟到、早退，一人次扣2分； 学习态度不端正不得分				
安全文明操作	10	不安全文明使用计算机，一次扣5分				
7S 管理规范	10	工位不清洁，每工位扣2分； 没有节能意识，扣5分				
合计						

任务二 仿真检测整流电路

任务实施

一、仿真检测单相整流电路的输出波形

1. 仿真检测单相半波整流电路的输出波形

用 EWB 仿真软件搭接如图 1.3 所示的检测单相半波整流输出电压波形仿真实验电路，接通仿真电源，合上开关 S，双击示波器图标，调节示波器的控制面板，观察示波器显示的波形，完成表 1.5 中的实验任务。

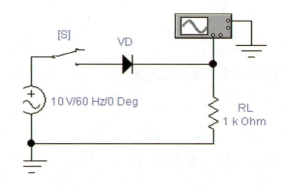

图 1.3 检测单相半波整流输出电压波形仿真实验电路

2. 仿真检测单相桥式整流电路的输出波形

用 EWB 仿真软件搭接如图 1.4 所示的检测单相桥式整流输出电压波形仿真实验电路，接通仿真电源，合上开关 S，双击示波器图标，调节示波器的控制面板，观察示波器显示的波形，完成表 1.5 中的实验任务。

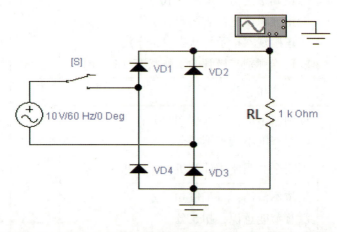

图 1.4 检测单相桥式整流输出电压波形仿真实验电路

表1.5　仿真检测单相整流电路输出波形

实验电路	输出波形
单相半波整流	
单相桥式整流	

二、仿真检测单相整流电路的主要参数

1. 仿真检测单相半波整流电路的主要参数

用EWB仿真软件搭接如图1.5所示的检测单相半波整流电路主要参数的仿真实验电路，把测量电源电压的电压表设置为交流（AC），把测量负载电压（输出电压）的电压表设置为直流（DC）。电源电压设置为100V，负载电阻R_L设置为1kΩ，接通仿真电源，合上开关S，观察电压表的读数，完成表1.6中的实验任务。

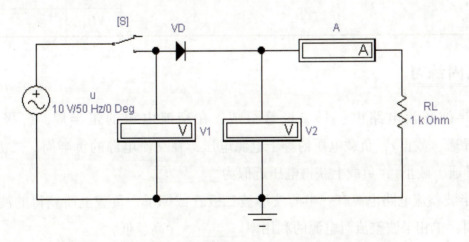

图1.5　检测单相半波整流电路主要参数的仿真实验电路

2. 仿真检测单相桥式整流电路的主要参数

用EWB仿真软件搭接如图1.6所示的检测单相桥式整流电路主要参数的仿真实验电路，把测量电源电压的电压表设置为交流（AC），把测量负载电压（输出电压）的电压表设置为直流（DC）。电源电压设置为100V，负载电阻R_L设置为1kΩ，接通仿真电源，合上开关S，观察电压表的读数，完成表1.6中的实验任务。

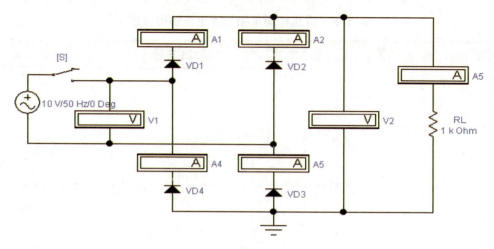

图 1.6　检测单相桥式整流电路主要参数的仿真实验电路

表 1.6　仿真检测单相整流电路参数

实验电路	电压/V		输出电流/mA	流过二极管的电流/mA	
	电源电压	输出电压			
单相半波整流					
单相桥式整流				VD_1	
				VD_2	
				VD_3	
				VD_4	

三、巩固练习

1. 单相半波整流电路由一只二极管组成，在交流电源的正半周，二极管 VD 正偏_____（导通、截止），负载电压约等于电源电压，在交流电源的负半周，二极管 VD 反偏_____（导通、截止），负载上获得电压近似为_____。

2. 单相半波整流电路电源有一半的波形被二极管截掉了，负载上所获得的波形只有电源波形的正半周，单相半波整流对电源的利用率_____（高、低）。

3. 单相桥式整流电路由_____只二极管组成，在交流电的正半周，二极管 VD_1、VD_3 _____，VD_2、VD_4 _____，如果忽略二极管的管压降，此时负载上获得的电压波形与电源电压波形相_____（同、反）；在交流电的负半周时，二极管 VD_2、VD_4 导通（VD_1、VD_3 截止），此时负载上获得的电压波形与电源电压波形相_____（同、反），即二极管 VD_2、VD_4 把交流电源的负半周转换成正的脉冲波形加在负载电阻上。

4. 单相桥式整流电路在交流电的一个周期之内，负载电阻上获得了两个方向相同的脉冲电压波形。单相桥式整流对电源的利用率_____（高、低）。

任务评价

仿真检测单相整流电路职业能力评比计分表如表1.7所示。

表1.7 仿真检测单相整流电路职业能力评比计分表

项目	配分	评分标准	自评	互评	师评	平均
仿真检测单相半波整流电路的输出波形	10	能正确搭接仿真电路（5分）； 能正确绘制输出波形（5分）				
仿真检测单相桥式整流电路的输出波形	20	能正确搭接仿真电路（10分）； 能正确绘制输出波形（10分）				
仿真检测单相半波整流电路的主要参数	10	能正确搭接仿真电路（5分）； 能正确识读电流表、电压表读数（5分）				
仿真检测单相桥式整流电路的主要参数	20	能正确搭接仿真电路（10分）； 能正确识读电流、电压表读数（10分）				
巩固练习	10	错一空扣2分				
学习态度	10	迟到、早退，一人次扣2分； 学习态度不端正不得分				
安全文明操作	10	不安全文明使用计算机，一次扣5分				
7S管理规范	10	工位不清洁，每工位扣2分； 没有节能意识，扣5分				
		合计				

任务三 仿真检测滤波电路

一、仿真检测电容器滤波电路

步骤一：用EWB仿真软件搭接如图1.7所示的仿真实验电路，接通仿真电源，合上开关S，观察电流表、电压表显示的实验数据，双击示波器图标，调节示波器的控制面板，观察示波器显示的波形，完成表 1.8 中的实验任务。

步骤二：把电阻 R 的阻值更改为 10Ω，接通仿真电源，合上开关 S，观察电流表、电压表显示的实验数据变化，双击示波器图标，观察示波器显示的波形变化，完成表 1.8 中的实验任务。

步骤三：把电阻 R 的阻值更改为 1000Ω，接通仿真电源，合上开关 S，观察电流表、电压表显示的实验数据变化，双击示波器图标，观察示波器显示的波形变化，完成表 1.8 中的实验任务。

步骤四：把电容器容量改为 4000μF，电阻 R 更改为 100Ω，接通仿真电源，合上开关 S，观察电流表、电压表显示的实验数据变化，双击示波器图标，观察示波器显示的波形变化，完成表 1.8 中的实验任务。

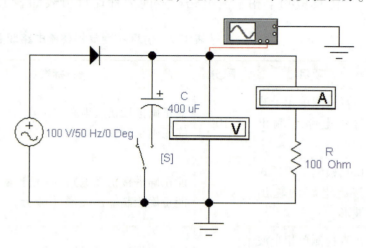

图 1.7　仿真检测单相半波整流电容器滤波电路

表 1.8　仿真检测电容器滤波电路

实验参数	实验现象 (电流、电压及输出波形变化)	负载电流/A	输出电压/V	输出波形
$R=100Ω$ $C=400μF$				
$R=10Ω$ $C=400μF$				
$R=1000Ω$ $C=400μF$				
$R=100Ω$ $C=4000μF$				

二、仿真检测电感器滤波电路

步骤一：用 EWB 仿真软件搭接如图 1.8 所示的仿真实验电路，接通仿真电源，合上开关 S，观察电流表、电压表显示的实验数据，双击示波器图标，调节示波器的控制面板，观察示波器显示的波形，完成表 1.9 中的实验任务。

步骤二：把电阻 R 的阻值更改为 10Ω，接通仿真电源，合上开关 S，观察电流表、电压表显

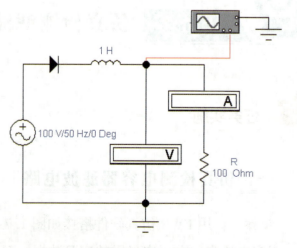

图 1.8　仿真检测电感器滤波电路

示的实验数据变化,双击示波器图标,观察示波器显示的波形变化,完成表1.9中的实验任务。

步骤三:把电阻 R 的阻值更改为1000Ω,接通仿真电源,合上开关 S,观察电流表、电压表显示的实验数据变化,双击示波器图标,观察示波器显示的波形变化,完成表1.9中的实验任务。

步骤四:把电感器的电感量改为100H,电阻 R 的阻值改回原来的100Ω,接通仿真电源,合上开关 S,观察电流表、电压表显示的实验数据变化,双击示波器图标,观察示波器显示的波形变化,完成表1.9中的实验任务。

表1.9 仿真检测电感器滤波电路

实验参数	实验现象 (电流、电压及输出波形变化)	负载电流/A	输出电压/V	输出波形
$R=100\Omega$ $L=1H$				
$R=10\Omega$ $L=1H$				
$R=1000\Omega$ $L=1H$				
$R=100\Omega$ $L=100H$				

三、仿真检测复式滤波电路

步骤一:用EWB仿真软件搭接如图1.9所示的仿真实验电路,接通仿真电源,合上开关 S,观察电流表、电压表显示的实验数据,双击示波器图标,调节示波器的控制面板,观察示波器显示的波形,完成表1.10中的实验任务。

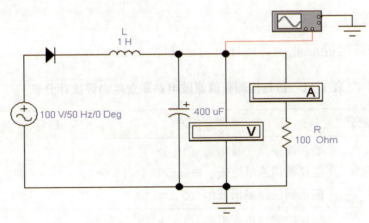

图1.9 仿真检测复式滤波电路

步骤二:把电阻 R 的阻值更改为10Ω,接通仿真电源,合上开关 S,观察电流表、电压表显示的实验数据变化,双击示波器图标,观察示波器显示的波形变化,完成表1.10中的实验任务。

步骤三:把电阻 R 的阻值更改为1000Ω,接通仿真电源,合上开关 S,观察电流表、电压表显示的实验数据变化,双击示波器图标,观察示波器显示的波形变化,完成表1.10中的实验任务。

表 1.10　仿真检测复式滤波电路

实验参数	实验现象 (电流、电压及输出波形变化)	负载电流/A	输出电压/V	输出波形
$R=100\Omega$ $L=1H$ $C=400\mu F$				
$R=10\Omega$ $L=1H$ $C=400\mu F$				
$R=1000\Omega$ $L=1H$ $C=400\mu F$				

四、巩固练习

1. 电容器滤波电路负载电阻值越大负载电流越小，输出电压的波形越_____，输出电压的平均值越_____。(高、低)

2. 电容器滤波适用负载电流_____的场合。(大、小)

3. 电感器滤波电路负载电流越大，输出电压的波形越_____。电感器滤波电路适用负载电流_____的场合。(大、小)

4. 在负载电流变化大的场合需要选择_____滤波电路。(电容、电感、复式)

任务评价

仿真检测整流滤波电路职业能力评比计分表如表 1.11 所示。

表 1.11　仿真检测整流滤波电路职业能力评比计分表

项目	配分	评分标准	自评	互评	师评	平均
仿真检测电容器滤波电路	20	能正确搭接仿真电路 (10分)； 能正确识读电流表、电压表读数 (5分)； 能正确绘制输出波形 (5分)				
仿真检测电感器滤波电路	20	能正确搭接仿真电路 (10分)； 能正确识读电流表、电压表读数 (5分)； 能正确绘制输出波形 (5分)				
仿真检测复式滤波电路	20	能正确搭接仿真电路 (10分)； 能正确识读电流表、电压表读数 (5分)； 能正确绘制输出波形 (5分)				

续表

项目	配分	评分标准	自评	互评	师评	平均
巩固练习	10	错一空扣2分				
学习态度	10	迟到、早退，一人次扣2分； 学习态度不端正不得分				
安全文明操作	10	不安全文明使用计算机，一次扣5分				
7S管理规范	10	工位不清洁，每工位扣2分； 没有节能意识，扣5分				
合计						

任务四　安装及调试整流滤波电路

任务实施

一、准备工作

1. 列元器件清单

根据如图1.10所示的整流滤波电路原理图，先使用Multisim 14软件仿真检测该电路工作状态，选择所需元器件参数，列出所需电子元器件清单，如表1.12所示。

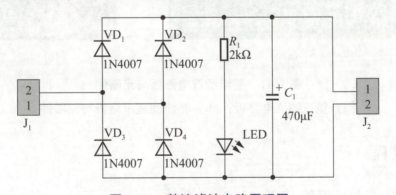

图1.10　整流滤波电路原理图

表1.12　整流滤波电路元器件清单

元件名称	数量	位置
电阻 2kΩ 四环：红黑红金 五环：红黑黑棕棕	1	R_1
二极管 1N4007	4	$VD_1 \sim VD_4$

续表

元件名称	数量	位置
电解电容 470μF/25V	1	C_1
5mm 红色 LED	1	LED
KF126-2P 端子	2	J_1、J_2
PCB	1	

本次实训的电解电容耐压为 25V，二极管采用 1N4007，故输入交流电压范围为 3~18V，最大输出 1A 电流，若需要更大输入电压，可自行更换板子上电解电容的耐压值，耐压值应该大于输入电压值 10V 左右。

2. 准备制作工具仪表

焊接工具 1 套、焊锡丝、斜口钳、示波器、万用表（指针式、数字式均可）、导线、输出 3~18V 交流电源或变压器、10~200Ω/10W 的电阻器（作为电源负载）等。

3. 准备整流滤波电路所需元器件及电路板

整流滤波电路的电路板选用制作好的电路板，如图 1.11（a）所示（也可使用孔板自行配元件），根据表 1.12 所示的元器件明细表准备元器件。整流滤波电路所需元器件与电路板如图 1.11（b）所示。

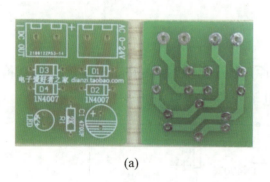
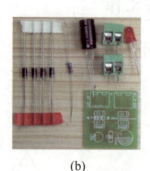

(a)   (b)

图 1.11 整流滤波电路板与元器件

(a) 整流滤波电路板；(b) 整流滤波电路板与元器件

二、操作过程

步骤一：插装与焊接元器件。

将已检测后的元器件按装配工艺要求进行装配，按焊接工艺要求将元器件焊接在电路板上。整流滤波电路成品如图 1.12 所示。

装配注意：

1) 1N4007 二极管有灰色一边是负极，对应板子上有横杠的一边。

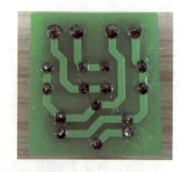

图 1.12 整流滤波电路成品

2）电解电容长脚为正。

3）焊接 LED 时要注意焊接温度以免焊坏 LED，LED 长脚为正。

4）AC 是输入，DC 是输出，输入交流为 3~18V，最大输出电流是 1A。

步骤二：在焊接面走线，完成装配（如果是已经加工好的现成的电路板，此步骤省略）。按设计好的装配图连接元器件线路。

步骤三：调试整流滤波电路。

装配完成的电路板经检查插装、焊接合格后，还需进行在路电阻检测及通电后关键点电压、电流检测，波形测试。

（1）通电前在路电阻检测

电路不通电，使用万用表的欧姆挡或二极管检测挡位，分别检测电路输入端（J_1）和输出端（J_2）的正反电阻值，判定有无短路，数据填入表 1.13。

（2）通电检测

1）确认电路无短路故障后，在输入端（J_1）接交流电源 6V，使用万用表检测输出端（J_2）的两端电压，填入表 1.13；分析与理论计算有无区别。

2）在电路板上断开电容，再使用万用表检测输出端（J_2）的两端电压，填入表 1.13；分析与理论计算有无区别。

（3）波形测试

1）输入端（J_1）接交流电源 6V，使用示波器测试输入端（J_1）和输出端（J_2）的两端波形，填入表 1.13；分析与理论情况有无区别。

2）在电路板上断开电容，再使用示波器测试输入端（J_1）和输出端（J_2）的两端波形，填入表 1.13；分析与理论情况有无区别。

（4）带负载检测电路

电路完整后，输入交流电 9V，使用万用表检测输出端开路、接 10Ω 电阻、接 100Ω 电阻，情况下的输出电压和输出电流，填入表 1.13。

表 1.13 整流滤波检测数据

检测项目	检测情况
通电前在路电阻检测	输入端的正反电阻值 $R_正$ =_____ $R_反$ =_____ 输出端的正反电阻值 $R_正$ =_____ $R_反$ =_____ 是否短路：
通电检测	输入端接交流电源 6V 时输出端电压 U_0 =_____，理论计算值为_____ 断开电容输出端电压 U_0 =_____，理论计算值为_____
波形测试	输入端接交流电源 6V 时输出端波形_____ 断开电容输出波形_____
带负载检测电路	输入交流电 9V 时输出端开路的电压 U_0 =_____，电流值 I_0 =_____ 接 10Ω 电阻的电压 U_0 =_____，电流值 I_0 =_____ 接 100Ω 电阻的电压 U_0 =_____，电流值 I_0 =_____

步骤四：与仿真环境测试数据比较，分析区别。

将以上测试数据与仿真测试数据比较，分析其异同。

步骤五：排除整流滤波电路故障。

整流滤波电路元器件较少，一般有电路短路、开路、无输出和输出过低，主要原因是元器件装错、焊接不良等。

说明你装配的电路板有些什么故障现象：

_____
_____
_____
_____

 任务评价

安装调试整流滤波电路职业能力评比计分表如表1.14所示。

表1.14 安装调试整流滤波电路职业能力评比计分表

项目	配分	评分标准	自评	互评	师评	平均
元器件的检测	10	能正确使用万用表（5分）；能正确检测电路元器件（5分）				
装配	30	能符合产品制作工艺要求（15分）；能正确装配整流滤波产品（15分）				
调试	30	能实现电路功能（5分）；能完成表1.13所示电路数据（20分）；能排除电路故障，调试其功能（5分）				
学习态度	10	积极主动完成任务每次加1分				
安全文明操作	10	规范操作，每次加2分				
7S 管理规范	10	工位整洁，每次加2分；具有节能意识，加2分				
合计						

项目二

安装调试助听器

任务一 认识与检测三极管

任务实施

一、万用表检测三极管

1. 判别管型、确定基极

指针式万用表检测三极管时,以黑表笔为准,红表笔接另外两个脚,如果测得两个电阻值均较小,则该管为 NPN 型,黑表笔所接为基极。如果测得两个电阻值均较大,则该管为 PNP 型,黑表笔所接仍为基极。根据检测结果完成表 2.1 中的实验内容。

2. 找集电极

假设一个集电极 c,如果管型为 NPN 型,就将黑表笔接假设的集电极 c,红表笔接假设的发射电极 e,用手捏住基极和集电极(两极不能相碰,相当于接一个小的电阻),仔细观察指针偏转情况,记下偏转位置;然后假设另外一只引脚为集电极 c,重复刚才的过程,则指针偏转大的一次黑表笔接的引脚为集电极。根据检测结果完成表 2.1 中的实验内容。

表 2.1 万用表检测判别三极管管型与引脚极性

检测元件	实验现象	三极管管型与引脚判别
元件 1		
元件 2		
元件 3		
元件 4		

二、仿真检测三极管的电流放大特性与内部电流分配关系

1)使用 Multisim 14 仿真软件搭建如图 2.1 所示的仿真实验电路。运行仿真电路,观察各

电流表的读数，完成表2.2中的实验任务。

2）根据表2.2更改电阻R_b的阻值，再次运行仿真电路，观察各电流表的读数，完成表2.2中的实验任务。

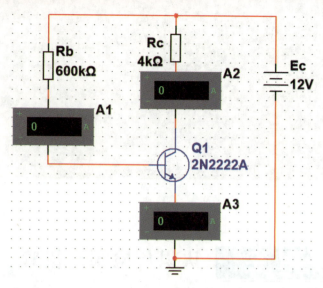

图2.1　检测三极管的放大特性与内部电流分配关系仿真实验电路

表2.2　检测三极管的放大特性与内部电流分配关系

检测项目	$R_b=400\text{k}\Omega$	$R_b=450\text{k}\Omega$	$R_b=500\text{k}\Omega$	$R_b=550\text{k}\Omega$	$R_b=600\text{k}\Omega$
I_B/mA					
I_C/mA					
I_E/mA					
I_B+I_C/mA					
$\dfrac{I_C}{I_B}$					
三极管电流放大的实质					
三极管电流内部分配关系					

三、仿真检测三极管的工作状态

1）使用 Multisim 14 仿真软件搭建如图2.2所示的仿真实验电路。运行仿真电路，观察各电流表、电压表的读数，完成表2.3中的实验任务。

2）根据表2.3中的实验参数更改电阻R_b的阻值，再次运行仿真电路，观察各电流表、电压表的读数，完成表2.3中的实验任务。

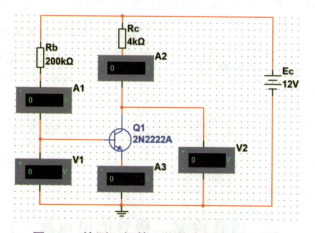

图2.2　检测三极管工作状态仿真实验电路

表 2.3　仿真检测三极管的工作状态

实验参数	I_B/mA	I_C/mA	U_{CE}/V	U_{BE}/V	$\dfrac{I_C}{I_B}$	三极管的工作状态 （饱和、截止、放大）
$R_b = 200\text{k}\Omega$						
$R_b = 300\text{k}\Omega$						
$R_b = 500\text{k}\Omega$						
$R_b = 600\text{k}\Omega$						
$R_b = 1000\text{k}\Omega$						
$R_b = 10000\text{k}\Omega$						
$R_b = 50000\text{k}\Omega$						
$R_b = 100000\text{k}\Omega$						
三极管的 3 种工作状态的特征						

四、巩固练习

1. 指针式万用表检测三极管时，以黑表笔为准，红表笔接另外两个管脚，如果测得两个电阻值均较_____（大、小），则该管为 NPN 型，黑表笔所接为基极。如果测得两个电阻值均较_____（大、小），则该管为 PNP 型，黑表笔所接为_____极。

2. 三极管的_____电流发生微小变化，会引起三极管的_____电流发生较大的变化。

3. 三极管在_____（饱和、截止、放大）状态的特征是 $I_B = 0$，$I_C \approx 0$；集电极与发射极之间相当于断路。三极管在_____（饱和、截止、放大）状态的特征是 U_{CE} 很小，I_C 不受 I_B 控制，三极管失去放大作用，集电极和发射极之间相当于一个_____的开关（接通、断开）。

任务评价

识别与检测三极管职业能力评比计分表如表 2.4 所示。

表 2.4　识别与检测三极管职业能力评比计分表

项目	配分	评分标准	自评	互评	师评	平均
万用表检测三极管	15	能正确检测三极管（5 分）； 能正确识判别三极管引脚（5 分）； 能正确判别三极管的管型（5 分）				

续表

项目	配分	评分标准	自评	互评	师评	平均
仿真检测三极管的电流放大特性与内部电流分配关系	25	能正确搭接仿真电路（5分）； 能正确识读电流表读数（5分）； 能正确计算电流放大倍数（5分）； 能正确描述三极管的电流放大实质（5分）； 能正确描述三极管的电流分配关系（5分）				
仿真检测三极管的工作状态	20	能正确搭接仿真电路（5分）； 能正确识读电流表、电压表读数（5分）； 能正确判别三极管的工作状态（10分）				
巩固练习	10	错一空扣3分				
学习态度	10	迟到、早退，一人次扣2分； 学习态度不端正不得分				
安全文明操作	10	不安全文明使用计算机，一次扣5分				
7S 管理规范	10	工位不清洁，每工位扣2分； 没有节能意识，扣5分				
合计						

任务二　仿真检测基本放大电路

任务实施

一、仿真检测共发射极基本放大电路的静态工作点

1）使用 Multisim 14 仿真软件搭建如图 2.3 所示的仿真实验电路。运行仿真电路，观察各电流表、电压表的读数，完成表 2.5 中的实验任务。

2）更改电阻 R_b 的阻值，再次运行仿真电路，观察各电流表、电压表的读数，完成表 2.5 中的实验任务。

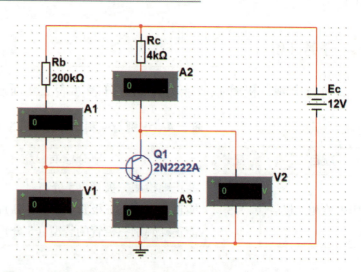

图 2.3　检测共发射极基本放大电路静态工作点仿真实验电路

表 2.5 检测共发射极基本放大电路静态工作点

实验参数	I_B/mA	I_C/mA	U_{CEQ}/V	U_{BEQ}/V	β	静态工作点 (合适，不合适)	三极管工作状态
$R_b = 100\text{k}\Omega$							
$R_b = 200\text{k}\Omega$							
$R_b = 600\text{k}\Omega$							
$R_b = 6000\text{k}\Omega$							
$R_b = 60000\text{k}\Omega$							

二、仿真检测共发射极基本放大电路的工作状态

1) 使用 Multisim 14 仿真软件搭建如图 2.4 所示的仿真实验电路。用示波器 A 通道检测输入信号波形，B 通道检测输出信号波形。万用表设置为交流电压挡，检测输出电压有效值。运行仿真电路，观察各电流表、电压表的读数，双击示波器图标观察输入、输出波形完成表 2.6 中的实验任务。

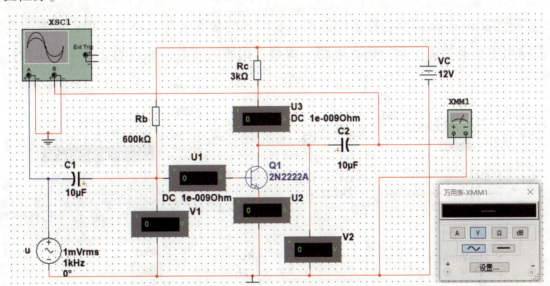

图 2.4 仿真检测共发射极基本放大电路的工作状态

2) 根据表 2.6 中的参考实验参数更改电阻 R_b 的阻值，让放大电路工作在饱和区，再次运行仿真电路，观察各电流表、电压表的读数及示波器输入、输出波形，继续完成表 2.6 中的实验任务。

3) 根据表 2.6 中的参考实验参数更改电阻 R_b 的阻值，让放大电路工作在截止区，再次运行仿真电路，观察各电流表、电压表的读数，以及示波器输入、输出波形，继续完成表 2.6 中的实验任务。

表 2.6　仿真检测共发射极基本放大电路工作状态

检测项目	R_b=100kΩ（参考值）	R_b=600kΩ（参考值）	R_b=6000kΩ（参考值）
I_i/mA			
I_c/mA			
U_{be}/V			
U_{ce}/V			
绘制输入、输出波形			
放大电路工作状态			

三、仿真检测共发射极基本放大电路的电压放大倍数

1）使用 Multisim 14 仿真软件搭建如图 2.5 所示的仿真实验电路。万用表设置为交流电压挡，检测输出电压有效值。运行仿真电路，观察万用表的读数，完成表 2.7 中的实验任务。

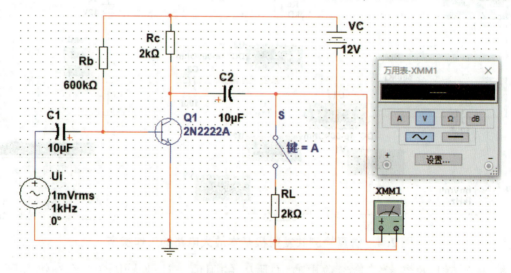

图 2.5　检测共发射极基本放大电路的电压放大倍数仿真实验电路

2）根据表 2.7 中的实验参数更改集电极电阻 R_c 的阻值，运行仿真电路，观察万用表的读数，完成表 2.7 中的实验任务。

3）根据表 2.7 中的实验参数更改输入信号 U_i 的电压值，运行仿真电路，观察万用表的读数，完成表 2.7 中的实验任务。

4）合上开关 S（带上负载）根据表 2.7 中的实验参数更改负载电阻 R_L 的电阻值，运行仿真电路，观察万用表的读数，完成表 2.7 中的实验任务。

表 2.7　仿真检测共发射极基本放大电路的电压放大倍数

检测项目	不带负载			带负载		
	$R_c=1\text{k}\Omega$ $U_i=1\text{mV}$	$R_c=2\text{k}\Omega$ $U_i=1\text{mV}$	$R_c=2\text{k}\Omega$ $U_i=2\text{mV}$	$R_c=2\text{k}\Omega$ $U_i=1\text{mV}$ $R_L=1\text{k}\Omega$	$R_c=2\text{k}\Omega$ $U_i=1\text{mV}$ $R_L=2\text{k}\Omega$	$R_c=2\text{k}\Omega$ $U_i=1\text{mV}$ $R_L=3\text{k}\Omega$
U_o/V						
A_u						
集电极电阻 R_c 对电压放大倍数的影响						
负载电阻 R_L 对电压放大倍数的影响						

四、巩固练习

1. 基极电阻 R_b 过大，容易产生_____（饱和、截止）失真。基极电阻 R_b 过小，容易产生_____（饱和、截止）失真。

2. 集电极电流增大，三极管的电流放大倍数会_____（增大、减小）

3. 输入信号的大小几乎对电压放大倍数_____（有、无）影响。共发射极基本放大电路输出信号与输入信号的波形是_____（同相、反相）的。

4. 减小集电极电阻 R_c 共发射极基本放大电路的电压放大倍数会_____（增大、减小）。

5. 放大电路带上负载电阻 R_L 后电压放大倍数会_____，负载电阻 R_L 的阻值越小，放大电路的电压放大倍数_____越多（增大、减小）。

任务评价

仿真检测共发射极基本放大电路职业能力评比计分表，如表 2.8 所示。

表 2.8　仿真检测共发射极基本放大电路职业能力评比计分表

项目	配分	评分标准	自评	互评	师评	平均
仿真检测共发射极基本放大电路的静态工作点	20	能正确搭接仿真电路（5分）； 能正确识读电流表、电压表读数，计算电流放大倍数（5分）； 能正确判别放大电路的静态工作点是否合适（5分）； 能正确判别三极管的工作状态（5分）				

续表

项目	配分	评分标准	自评	互评	师评	平均
仿真检测共发射极基本放大电路的工作状态	20	能正确搭接仿真电路（5分）； 能正确识读电流表、电压表的读数（5分）； 能正绘制输入输出波形（5分）； 能正确判断放大电路的工作状态（5分）				
仿真检测共发射极基本放大电路的电压放大倍数	20	能正确搭接仿真电路（5分）； 能正确修改电路参数，识读万用表读数（5分）； 能正确分析集电极电阻 R_c 对电压放大倍数的影响（5分）； 能正确分析负载电阻 R_L 对电压放大倍数的影响（5分）				
巩固练习	10	错一空扣3分				
学习态度	10	迟到、早退，一人次扣2分； 学习态度不端正不得分				
安全文明操作	10	不安全文明使用计算机，一次扣5分				
7S管理规范	10	工位不清洁，每工位扣2分； 没有节能意识，扣5分				
合计						

任务三　仿真检测多级放大器

任务实施

一、仿真检测阻容耦合两级放大电路的电压放大倍数

1）使用 Multisim 14 仿真软件搭建如图 2.6 所示的仿真实验电路。输入电压信号设置为 1mV、1kHz，两只万用表都设置为交流电压挡，分别检测第一级和第二级放大器输出电压的有效值。运行仿真电路，分别观察万用表的读数，完成表 2.9 中的实验任务。

2）更改输入电压信号设置为 2mV、1kHz。运行仿真电路，分别观察两只万用表的读数，完成表 2.9 中的实验任务。

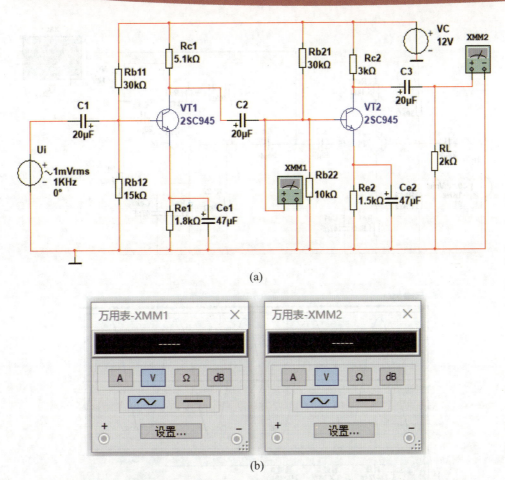

图 2.6 检测阻容耦合两级放大电路电压放大倍数仿真实验电路
（a）仿真实验电路；（b）万用表设置

表 2.9 检测阻容耦合两级放大电路的电压放大倍数

实验参数	U_{o1}/V	U_{o2}/V	A_{u1}	A_{u2}	A_u	总电压放大倍数与各级电压放大倍数的关系
U_{i1}/V = 1mV						
U_{i1}/V = 2mV						

二、仿真检测检测阻容耦合两级放大电路的非线性失真

1）使用 Multisim 14 仿真软件搭建如图 2.7（a）所示的仿真实验电路。输入电压信号设置为 0.1mV，1kHz，用示波器的 A 通道检测第一级放大器输出电压的波形，用示波器的 B 通道检测第二级放大器输出电压的波形，示波器控制面板设置如图 2.7（b）所示。运行仿真电路，双击示波器图标打开控制面板观察 A、B 通道的电压波形，完成表 2.10 中的实验任务。

2）更改输入电压信号设置为 0.2mV，1kHz，更改示波器控制面板设置如图 2.8 所示。运行仿真电路，双击示波器图标打开控制面板观察 A、B 通道的电压波形，完成表 2.10 中的实验任务。

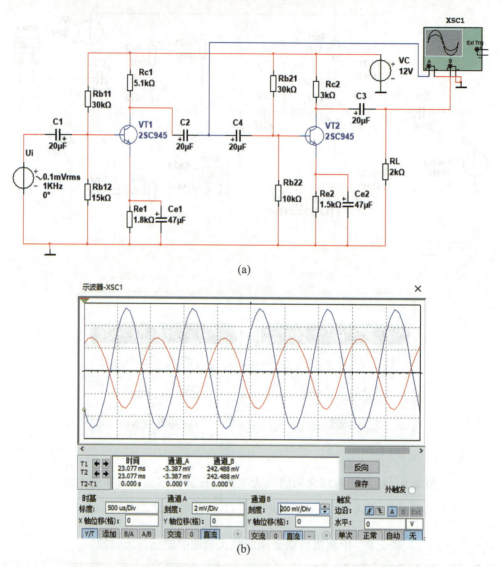

(a)

(b)

图 2.7 检测阻容耦合两级放大电路非线性失真仿真实验电路

（a）仿真实验电路；（b）示波器面板设置（U_i = 0.1mV、1kHz）

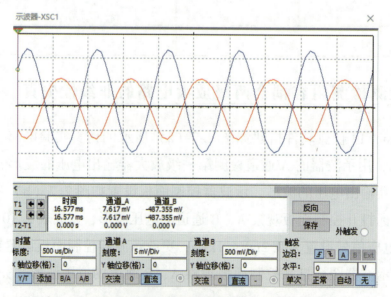

图 2.8 示波器面板设置参考（U_i = 0.2mV、1kHz）

3）更改输入电压信号设置为 0.5mV、1kHz，更改示波器控制面板设置如图 2.9 所示。运行仿真电路，双击示波器图标打开控制面板观察 A、B 通道的电压波形，完成表 2.10 中的实验任务。

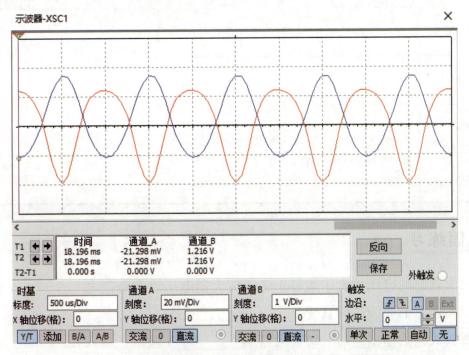

图 2.9　示波器面板设置参考（$U_i = 0.5$mV、1kHz）

4）更改输入电压信号设置为 1mV、1kHz，更改示波器控制面板设置如图 2.10 所示。运行仿真电路，双击示波器图标打开控制面板观察 A、B 通道的电压波形，完成表 2.10 中的实验任务。

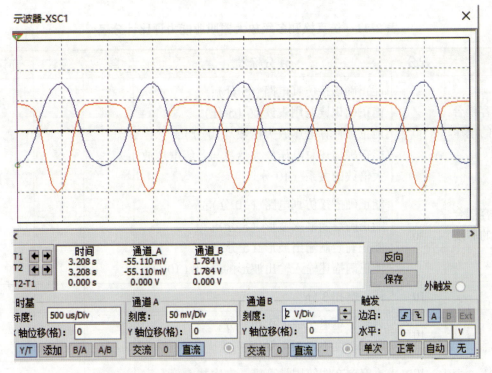

图 2.10　示波器面板设置参考（$U_i = 1$mV、1kHz）

表 2.10　仿真检测阻容耦合两级放大器非线性失真

实验参数	绘制 U_{o1} 的波形	绘制 U_{o2} 的波形	A_{u1}	A_{u2}	A_u	U_{o1} 与 U_{o2} 的波形异同
$U_{i1}/V = 0.1mV$						
$U_{i1}/V = 0.2mV$						
$U_{i1}/V = 0.5mV$						
$U_{i1}/V = 1mV$						

三、巩固练习

1. 多级放大器总的电压放大倍数等于各级放大器电压放大倍数之_____（积、和）。
2. 多级放大器总的非线性失真变_____（大、小）。
3. 前一级放大器的输出是后一级放大器的_____（输出、输入）。
4. 共发射极阻容耦合两级放大器的输出信号与输入信号_____（同相、反相）。

任务评价

仿真检测多级放大器职业能力评比计分表如表 2.11 所示。

表 2.11　仿真检测多级放大器职业能力评比计分表

项目	配分	评分标准	自评	互评	师评	平均
仿真检测阻容耦合两级放大器的电压放大倍数	30	能正确搭接仿真电路（5分）； 能正确识读万用表读数（5分）； 能正确计算电压放大倍数（10分）； 能正确描述总电压放大倍数与各级电压放大倍数的关系（10分）				
仿真检测阻容耦合两级放大器的非线性失真	30	能正确搭接仿真电路（10分）； 能正确绘制输入波形（5分）； 能正确绘制输出波形（5分）； 能正确描述输入输出波形的异同（10分）				
巩固练习	10	错一空扣3分				
学习态度	10	迟到、早退，一人次扣2分； 学习态度不端正不得分				
安全文明操作	10	不安全文明使用计算机，一次扣5分				

续表

项目	配分	评分标准	自评	互评	师评	平均
7S 管理规范	10	工位不清洁，每工位扣 2 分； 没有节能意识，扣 5 分				
		合计				

任务四　仿真检测负反馈放大电路

一、仿真检测负反馈对放大器电压放大倍数的影响

1）使用 Multisim 14 仿真软件搭建如图 2.11 所示的仿真实验电路。输入电压信号设置为 1mV、1kHz，两只万用表都设置为交流电压挡，分别检测放大器输入、输出电压的有效值。运行仿真电路，分别观察万用表的读数，完成表 2.12 中的实验任务。

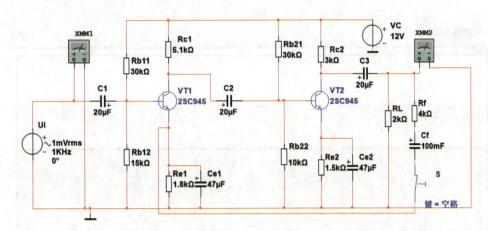

图 2.11　检测负反馈对放大器电压放大倍数影响仿真实验电路

2）更改输入电压信号为 2mV、1kHz，运行仿真电路，分别观察两只万用表的读数，完成表 2.12 中的实验任务。

表 2.12　检测阻容耦合两级放大器的电压放大倍数

实验参数	U_o/V （无负反馈）	U_o/V （有负反馈）	A_u （无负反馈）	A_f （有负反馈）	负反馈对电压放大倍数的影响
$U_i=1\text{mV}$					
$U_i=2\text{mV}$					

二、仿真检测负反馈对放大器非线性失真的影响

1）使用 Multisim 14 仿真软件搭建如图 2.12（a）所示的仿真实验电路。输入电压信号设置 1mV、1kHz，开关 S 的切换键设置为【空格键】，让开关 S 处于断开状态，用示波器的 A 通道检测放大器输入电压的波形，用示波器的 B 通道检测放大器输出电压的波形，示波器控制面板设置参考如图 2.12（b）所示。运行仿真电路，双击示波器图标打开控制面板观察 A、B 通道显示的电压波形，完成表 2.13 中的实验任务。

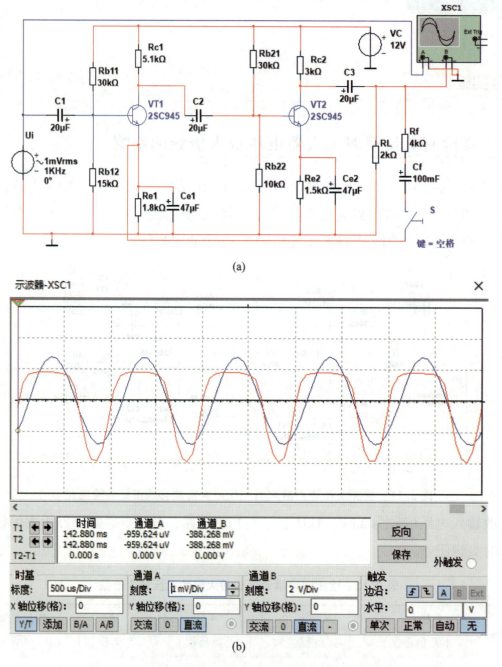

(a)

(b)

图 2.12 负反馈对放大器非线性失真影响仿真实验电路

（a）仿真实验电路；（b）示波器面板设置参考

2）切换开关 S 处于闭合状态，其余不变，重新运行仿真电路，双击示波器图标打开控制面板观察 A、B 通道的电压波形，完成表 2.13 中的实验任务。

3）更改输入电压信号设置为 2mV、1kHz，切换开关 S 处于断开状态，运行仿真电路，双击示波器图标打开控制面板观察 A、B 通道显示的电压波形，完成表 2.13 中的实验任务。

4）切换开关 S 处于闭合状态，其余不变，重新运行仿真电路，双击示波器图标打开控制面板观察 A、B 通道显示的电压波形，完成表 2.13 中的实验任务。

表 2.13 仿真检测负反馈对放大器非线性失真的影响

实验参数	绘制 U_o 的波形（无负反馈）	绘制 U_o 的波形（有负反馈）	负反馈对放大器失真的影响
$U_i = 1\text{mV}$			
$U_i = 2\text{mV}$			

三、巩固练习

1. 图 2.11 所示检测负反馈对放大器电压放大倍数影响的仿真实验电路_____（有、没有）反馈，属于_____反馈电路。

2. 没有引入反馈的放大器称为_____（开环、闭环）放大器，其放大倍数用字母_____（A、A_f）表示。

3. 引入反馈的放大器称为_____（开环、闭环）放大器，其放大倍数用字母_____（A、A_f）表示。

4. 负反馈_____放大器的电压放大倍数（提高、降低），_____放大器的非线性失真（增大、减小）

任务评价

仿真检测负反馈放大器职业能力评比计分表如表 2.14 所示。

表 2.14 仿真检测负反馈放大器职业能力评比计分表

项目	配分	评分标准	自评	互评	师评	平均
仿真检测负反馈对放大器电压放大倍数的影响	30	能正确搭接仿真电路（5分）； 能正确识读万用表读数（5分）； 能正确计算电压放大倍数（10分）； 能正确描述负反馈对放大器电压放大倍数的影响（10分）				

续表

项目	配分	评分标准	自评	互评	师评	平均
仿真检测负反馈对放大器非线性失真的影响	30	能正确搭接仿真电路（10 分）；能正确绘制输出波形（10 分）；能正确描述负反馈对放大器非线性失真的影响（10 分）				
巩固练习	10	错一空扣 3 分				
学习态度	10	迟到、早退，一人次扣 2 分；学习态度不端正不得分				
安全文明操作	10	不安全文明使用计算机，一次扣 5 分				
7S 管理规范	10	工位不清洁，每工位扣 2 分；没有节能意识，扣 5 分				
合计						

任务五　安装及调试助听器

一、准备工作

1. 列元器件清单

根据如图 2.13 所示的助听器电路图，先使用 Multisim 14 软件仿真检测该电路工作状态，选择所需电子元器件参数，列出如表 2.15 所示的元器件清单。

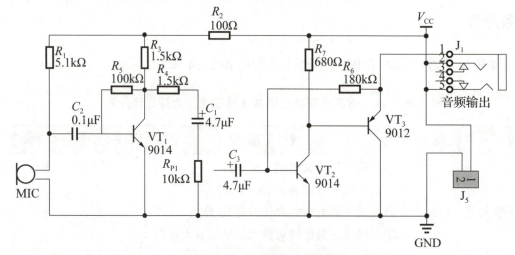

图 2.13　助听器电路图

表 2.15 助听器电路所需元器件

元件名称	数量	位置	元件名称	数量	位置
电阻 5.1kΩ 四环：绿棕红金 五环：绿棕黑棕棕	1	R_1	电阻 100Ω 四环：棕黑棕金 五环：棕黑黑黑棕	1	R_2
电阻 1.5kΩ 四环：棕绿红金 五环：棕绿黑棕棕	2	R_3、R_4	电阻 100kΩ 四环：棕黑黄金 五环：棕黑黑橙棕	1	R_5
电阻 180kΩ 四环：棕灰黄金 五环：棕灰黑橙棕	1	R_6	电阻 680Ω 四环：蓝灰棕金 五环：蓝灰黑黑棕	1	R_7
瓷片电容 0.1μF	1	C_2	MIC 咪头	1	MIC
电解电容 4.7μF	2	C_1、C_3	音频座	1	J_1
三极管 9014	2	VT_1、VT_2	7号电池盒	1	J_5
三极管 9012	1	VT_3	PCB	1	
电位器 10kΩ	1	R_{P1}			

2. 准备制作工具仪表

焊接工具 1 套、焊锡丝、斜口钳、万用表（指针、数字式均可）、示波器、导线、输出 3V 直流电源或电池、16~32Ω 的全频耳机及连接信号线等。

3. 准备助听器所需元器件及电路板

助听器电路的电路板选用制作好的电路板如图 2.14（a）所示（也可使用孔板自行装配元件），根据表 2.15 所示的元器件明细表准备元器件。助听器电路所需元器件与电路板如图 2.14（b）所示。

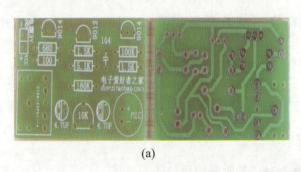
(a)

(b)

图 2.14 助听器电路板与元器件

（a）助听器电路板；（b）助听器电路板与元器件

二、操作过程

步骤一：插装与焊接元器件。

步骤二：将已检测后的元器件按装配工艺要求进行装配，按焊接工艺要求将元器件焊接在电路板上。助听器电路成品如图 2.15 所示。

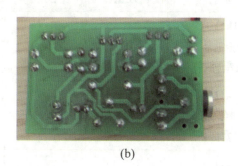

(a)　　　　　　　　　　　　　　(b)

图 2.15　助听器电路成品

步骤三：在焊接面走线，完成装配（如果是已经加工好的现成电路板此步骤省略）。

按设计好的装配图连接元器件线路关系。

步骤四：调试助听器电路。

装配完成的电路板经检查插装、焊接合格后。将音量调节电位器逆时针调到底（音量最小），驻极体话筒用胶布遮挡声音，并插上耳机。首先进行电路直流静态工作点检测，然后进行动态检测，最后测试效果。

（1）静态检测

1）接通直流电源 3V，话筒不接收声音，使用万用表直流电压检测 VT_1、VT_2、VT_3 各脚电位，填入表 2.16，分析是否工作在放大状态。

2）接通直流电源 3V，使用万用表检测驻极体话筒在不接收声音与接收声音（揭掉话筒上胶布）时话筒两端电压，填入表 2.16；分析话筒是否正常工作。

（2）动态检测

1）接通直流电源 3V，话筒接收声音，使用万用表直流电压检测 VT_1 各脚电位，填入表 2.16。

2）接通直流电源 3V，话筒接收声音，调节音量到最大，使用万用表直流电压检测 VT_2、VT_3 各脚电位，填入表 2.16。

（3）调节效果

佩戴好耳机，接通直流电源 3V，对着话筒讲话或接收较远的声音，调节音量大小，测试助听器的效果，效果情况填入表 2.16 中。

表 2.16　助听器检测数据

检测项目	VT_1			VT_2			VT_3			状态
	U_c	U_b	U_e	U_c	U_b	U_e	U_e	U_b	U_c	
静态										
动态										

续表

效果	

步骤五：与仿真环境测试数据比较，分析区别。

将以上测试数据与仿真测试数据比较，分析其异同。

步骤六：排除助听器故障。

助听器电路外围元器件较少、一般有无声、声音不能调节、噪声太大或音质差等故障，主要原因是电路焊接不良、元件不良、电位器不良或元器件装错。

说明：你装配的电路板有些什么故障现象。

_____

_____

_____

任务评价

安装及调试助听器职业能力评比计分表如表 2.17 所示。

表 2.17　安装及调试助听器职业能力评比计分表

项目	配分	评分标准	自评	互评	师评	平均
元器件的检测	10	能正确使用万用表（5分）； 能正确检测电路元器件（5分）				
装配	30	能符合产品制作工艺要求（15分）； 能正确装配助听器产品（15分）				
调试	30	能实现助听器放大信号功能（5分）； 能完成表2.16所示电路数据（20分）； 能排除助听器故障，调试其功能（5分）				
学习态度	10	积极主动完成任务，每次加1分				
安全文明操作	10	规范操作，每次加2分				
7S 管理规范	10	工位整洁，每次加2分； 具有节能意识，加2分				
合计						

项目三

安装调试金属探测仪

任务一 仿真检测振荡器

一、仿真检测 LC 振荡器

步骤一：使用 Multisim 14 仿真软件搭建如图 3.1（a）所示的仿真实验电路。用示波器的 A 通道检测 LC 振荡器输出电压的波形，运行仿真电路，双击示波器图标设置合适的控制面板参数，如图 3.1（b）所示，观察 LC 振荡器的起振过程及输出波形，完成表 3.1 中的实验任务。

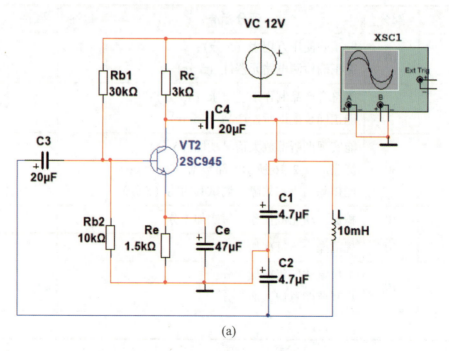

(a)

图 3.1 LC 振荡器仿真实验电路

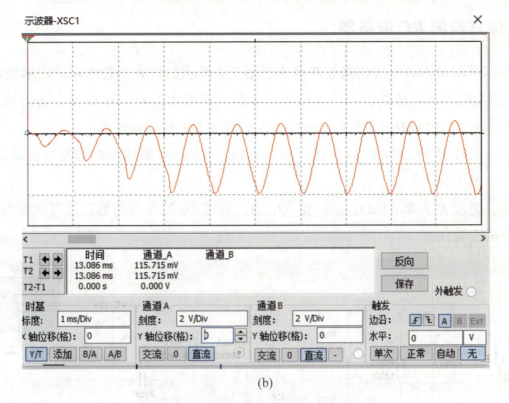

(b)

图 3.1　LC 振荡器仿真实验电路（续）

（a）LC 振荡器仿真实验电路；（b）示波器面板参数设置参考

步骤二：更改 $L_1 = 40.5\text{mH}$，运行仿真电路，双击示波器图标设置合适的控制面板参，数观察 LC 振荡器的起振过程及输出波形，完成表 3.1 中的实验任务。

步骤三：更改 $L = 10\text{mH}$，$C_1 = C_2 = 47\mu\text{F}$，运行仿真电路，双击示波器图标设置合适的控制面板参数，观察 LC 振荡器的起振过程及输出波形，完成表 3.1 中的实验任务。

表 3.1　仿真检测 LC 振荡器

实验参数	绘制输出信号的波形	输出信号的频率 f	分析 L、C_1、C_2 对输出波形的影响
$L = 10\text{mH}$ $C_1 = C_2 = 4.7\mu\text{F}$			
$L = 40.5\text{mH}$ $C_1 = C_2 = 4.7\mu\text{F}$			
$L = 10\text{mH}$ $C_1 = C_2 = 47\mu\text{F}$			

二、仿真检测 RC 振荡器

步骤一：使用 Multisim 14 仿真软件搭建如图 3.2 所示的仿真实验电路。用示波器的 A 通道检测 RC 振荡器输出电压的波形，运行仿真电路，双击示波器图标设置合适的控制面板参数，观察 RC 振荡器的起振过程及输出波形，完成表 3.2 中的实验任务。

步骤二：更改 $C_1=C_2=0.02\mu F$，运行仿真电路，观察 RC 振荡器的起振过程及输出波形，完成表 3.2 中的实验任务。

步骤三：更改 $R_1=R_2=8k\Omega$，运行仿真电路，观察 RC 振荡器的起振过程及输出波形，完成表 3.2 中的实验任务。

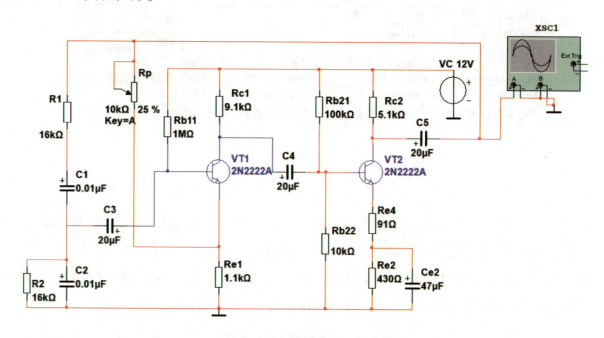

图 3.2　RC 振荡器仿真实验电路

表 3.2　仿真检测 RC 振荡器

实验参数	绘制输出信号的波形	输出信号的频率 f	分析 R_1、R_2、C_1、C_2 对输出波形的影响
$R_1=R_2=16k\Omega$ $C_1=C_2=0.01\mu F$			
$R_1=R_2=16k\Omega$ $C_1=C_2=0.02\mu F$			
$R_1=R_2=8k\Omega$ $C_1=C_2=0.02\mu F$			

三、巩固练习

1. 图 3.1 所示的仿真实验电路中，LC 振荡器的振荡频率由_____、_____、_____决定。

2. 图 3.1 所示的仿真实验电路中，增加 L 的电感量，振荡器输出信号的频率会_____。

3. 图 3.2 所示的仿真实验电路中，RC 振荡器的振荡频率由_____、_____、_____和_____决定。

任务评价

仿真检测振荡器职业能力评比计分表如表 3.3 所示。

表 3.3　仿真检测振荡器职业能力评比计分表

项目	配分	评分标准	自评	互评	师评	平均
仿真检测 LC 振荡器	30	能正确搭接仿真电路（5 分）； 能正确设置示波器面板参数、绘制输出波形（10 分）； 能正确估算输出信号的频率（10 分）； 能正确描分析 L、C_1、C_2 对输出波形的影响（10 分）				
仿真检测 RC 振荡器	30	能正确搭接仿真电路（5 分）； 能正确设置示波器面板参数、绘制输出波形（10 分）； 能正确估算输出信号的频率（5 分）； 能正确描分析 R_1、R_2、C_1、C_2 对输出波形的影响（10 分）				
巩固练习	10	错一空扣 3 分				
学习态度	10	迟到、早退，一人次扣 2 分； 学习态度不端正不得分				
安全文明操作	10	不安全文明使用计算机，一次扣 5 分				
7S 管理规范	10	工位不清洁，每工位扣 2 分； 没有节能意识，扣 5 分				
合计						

任务二　安装及调试金属探测仪

一、准备工作

1. 列出所需电子元器件清单

根据如图 3.3 所示的金属探测仪电路图，先使用 Multisim 14 软件仿真检测该电路工作状态，选择所需电子元器件参数，明确电路工作原理，列出所需电子元器件清单，如表 3.4 所示。

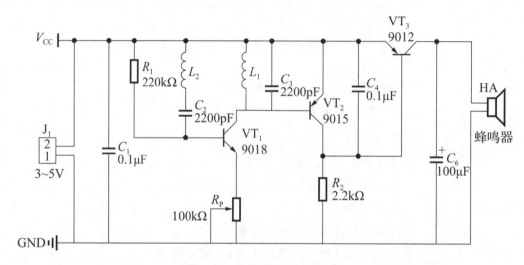

图 3.3　金属探测仪电路图

表 3.4　金属探测电路元器件清单

元件名称	数量	位置	元件名称	数量	位置
电阻 220kΩ 四环：红红黄金 五环：红红黑橙棕	1	R_1	电阻 2.2kΩ 四环：红红红金 五环：红红黑棕棕	1	R_2
电位器 100kΩ	1	R_P	三极管 9015	1	VT_2
瓷片电容 0.1μF	2	C_1、C_4	三极管 9012	1	VT_3
涤纶电容 2200pF	2	C_2、C_3	蜂鸣器	1	HA
电解电容 100μF	1	C_6	红黑线 10cm	1	J_1
三极管 9018	1	VT_1	PCB	1	

2. 准备制作工具仪表

焊接工具1套、焊锡丝、斜口钳、万用表（指针式、数字式均可）、示波器、导线、输出3~5V 直流电源或电池等。

3. 准备金属探测仪电路所需的元器件及电路板

根据表3.4所示的电子元器件清单准备金属探测仪电路所需的元器件，如图3.4（a）所示。电路板可使用孔板进行手工绘制，也可使用现成制作好的如图3.4（b）所示的电路板。

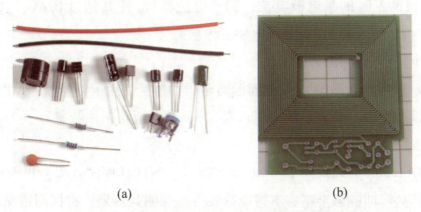

图 3.4　金属探测仪电路所需元器件及电路板
（a）元器件；（b）电路板

二、操作过程

步骤一：插装与焊接元器件。

将已检测后的元器件按装配工艺要求进行装配，按焊接工艺要求将元器件焊接在电路板上。金属探测成品如图3.5所示。

图 3.5　金属探测仪电路成品

步骤二：在焊接面走线，完成装配（若是已经加工好的现成电路板则此步骤省略）。

按设计好的装配图连接元器件线路关系。

步骤三：调试金属探测仪电路。

装配完成的电路板经检查插装、焊接合格后，还需进行在路电阻检测及通电后关键点电压、电流检测,波形测试。

(1) 通电前在路电阻检测

电路不通电,使用万用表的欧姆挡或二极管检测挡位,分别检测电源输入端(J1)正反电阻值,判定有无短路,数据填入表 3.5。

(2) 通电检测

确定电路无短路故障后,将输入端(J_1)接直流电源 3V,探测器远离金属物体,使用万用表直流电压挡检测 VT_1 的集电极电位,调节电位器 R_P 使其超过 0.6V,这时再检测 VT_1、VT_2、VT_3 各脚电位,填入表 3.5,分析电路工作状态。

(3) 波形测试

输入端(J_1)接直流电源 3V,探测器远离金属物体,使用示波器检测 VT_1 集电极的波形,调节电位器使有波形产生,将波形画在填入表 3.5,分析电路工作状态。

(4) 电路功能测试

电路正常工作后,将电路线圈 L_1 靠近金属物体,测试其探测效果,以及探测距离;还可在探测器与金属物体之间隔离书本、木料或橡胶等来探测其效果,将探测情况填入表 3.5。

表 3.5　金属探测电路检测数据

检测项目	检测情况									
通电前电阻检测	电源端的正反电阻值 $R_正$ = _____,$R_反$ = _____ 是否短路:									
通电检测	三极管	VT_1			VT_2			VT_3		
	引脚电位值	U_c	U_b	U_e	U_c	U_b	U_e	U_c	U_b	U_e
	三极管状态									
波形测试	画出 VT_1 集电极的波形:									
电路功能测试	效果: 距离:									

步骤四:与仿真环境测试数据比较,分析区别。

将以上测试数据与仿真测试数据比较,分析其异同。

步骤五:排除金属探测故障。

金属探测仪电路元器件不多,一般有电路短路、开路、VT_1 不振荡或 VT_2、VT_3 不工作,主要原因是元器件装错、焊接不良。

你装配的电路板有什么故障现象：

_____

_____

_____

装配易错事项：

1) 元件焊错面板，元件应从有字的一面插下去，具体看成品图。

2) 两个电阻焊错位置，一个 2.2kΩ，一个 220kΩ，测量阻值或看色环读值。

3) 电解电容和蜂鸣器正负极焊错，电解电容和蜂鸣器都是长脚为正极。

4) 3 个三极管没有按照型号焊接，注意区分，3 个是不同型号的，要与板子上的标识一一对应。

5) 电源正负极接错，V_{CC} 接正极，GND 接负极，供电电压 3~5V。

6) 电压供电不足，不要使用旧的电池，需使用两节新电池。

7) 焊好上电蜂鸣器一直响，排除了电压不足的问题后，调节电位器，调节到刚好不响即可。

任务评价

安装调试金属探测电路职业能力评比计分表如表 3.6 所示。

表 3.6 安装调试金属探测电路职业能力评比计分表

项目	配分	评分标准	自评	互评	师评	平均
元器件的检测	10	能正确使用万用表（5分）； 能正确检测电路元器件（5分）				
制作装配图	10	能正确使用 PCB 设计软件及技巧（10分）； 能正确设计装配图（10分）				
装配	20	能符合产品制作工艺要求（10分）； 能正确装配金属探测电路产品（10分）				
调试	30	能实现电路功能（5分）； 能正确填写表 3.5 中的检测数据（20分）； 能排除金属探测故障，调试其功能（5分）				
学习态度	10	积极主动完成任务，每次加 1 分				
安全文明操作	10	规范操作，每次加 2 分				
7S 管理规范	10	工位整洁，每次加 2 分； 具有节能意识，加 2 分				
合计						

项目四

安装调试音频前置放大器

任务一 仿真检测差动放大电路

任务实施

一、仿真检测差动放大电路的共模放大倍数

步骤一：使用 Multisim 14 仿真软件搭建如图 4.1 所示的仿真实验电路。输入电压信号设置为 1mV、1kHz，5 只万用表都设置为交流电压挡，分别检测差动放大器的输入、输出电压信号的有效值。运行仿真电路，分别观察万用表的读数，完成表 4.1 中的实验任务。

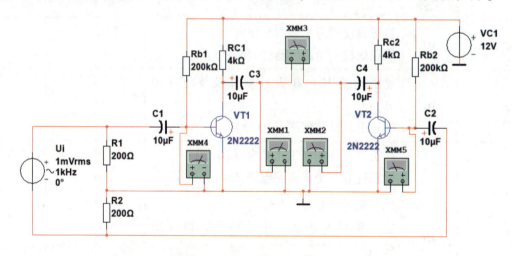

图 4.1 差动放大电路的差模放大仿真实验电路

步骤二：更改输入电压信号设置为 2mV、1kHz，运行仿真电路，分别观察万用表的读数，完成表 4.1 中的实验任务。

表 4.1 仿真检测差动放大电路的差模放大倍数

实验参数	U_{i1}	U_{i2}	U_{o1}	U_{o2}	U_o	A_{d1}	A_{d2}	A_{du}
$U_i = 1\text{mV}$								

	$U_i = 2\text{mV}$								
差动放大器的差模放大倍数与 A_{d1}、A_{d2} 的关系									

二、仿真检测差动放大电路的共模放大倍数

步骤一：使用 Multisim 14 仿真软件搭建如图 4.2 所示的仿真实验电路。输入电压信号设置为 1mV、1kHz，用两只万用表设置为交流电压挡，分别检测对称放大器输出电压信号的有效值。电压表设置为交流模式，检测差动放大器的输出电压。运行仿真电路，分别观察万用表的读数，交流电压表的读数，完成表 4.2 中的实验任务。

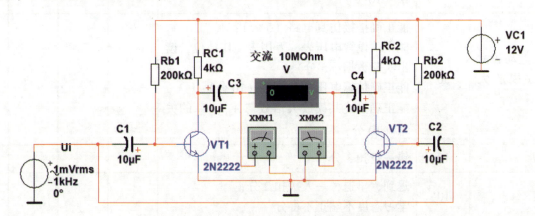

图 4.2 差动放大电路的共模放大仿真实验电路

步骤二：更改输入电压信号设置为 2mV、1kHz，运行仿真电路，分别观察万用表的读数，交流电压表的读数，完成表 4.2 中的实验任务。

表 4.2 仿真检测差动放大电路的共模放大倍数

实验参数	U_{i1}	U_{i2}	U_{o1}	U_{o2}	U_o	A_{d1}	A_{d2}	A_{cu}
$U_i = 1\text{mV}$								
$U_i = 2\text{mV}$								
差动放大器的共模放大倍数与 A_{d1}、A_{d2} 的关系								

三、巩固练习

1. 大小相_____而极性相_____的两个输入信号称为差模信号。
2. 差动放大电路在差模输入时的放大倍数称为_____放大倍数，用符号 A_d 表示。
3. 大小相_____而极性相_____的两个输入信号称为共模信号。
4. 差动放大电路在共模输入时的放大倍数称为_____放大倍数，用符号 A_c 表示。
5. 差动放大电路对_____信号几乎没有放大能力。
6. 差动放大电路对_____信号的放大倍数等于对称放大电路单个放大电路的放大倍数。

任务评价

仿真检测差动放大电路职业能力评比计分表如表4.3所示。

表4.3 仿真检测差动放大电路职业能力评比计分表

项目	配分	评分标准	自评	互评	师评	平均
仿真检测差动放大电路的差模放大倍数	30	能正确搭接仿真电路（5分）； 能正确设置万用表工作挡位，读出实验数据（5分）； 能正确估算电压放大倍数（10分）； 能正确描述差模放大倍数与A_{d1}、A_{d2}的关系（10分）				
仿真检测差动放大电路的共模放大倍数	30	能正确搭接仿真电路（5分）； 能正确设置电压表、万用表工作挡位，读出实验数据（5分）； 能正确估算电压放大倍数（10分）； 能正确描述共模放大倍数与A_{d1}、A_{d2}的关系（10分）				
巩固练习	10	错一空扣3分				
学习态度	10	迟到、早退，一人次扣2分； 学习态度不端正不得分				
安全文明操作	10	不安全文明使用计算机，一次扣5分				
7S管理规范	10	工位不清洁，每工位扣2分； 没有节能意识，扣5分				
合计						

任务二　仿真检测集成运算放大器

任务实施

一、仿真检测反相比例运算放大器

步骤一：使用 Multisim 14 仿真软件搭建如图 4.3（a）所示的仿真实验电路。输入电压信号设置为1V、1kHz，用示波器的A通道检测输入电压的波形，B通道检测输出电压的波形，万用表都设置为交流电压挡，如图 4.3（b）所示，检测反相比例运算放大器输出电压信号的有效值。运行仿真电路，双击示波器图标设置合适的控制面板参数，如图 4.3（c）所示，观察输入、输出波形的相位关系。双击万用表读取输出信号电压值，完成表 4.4 中的实验任务。

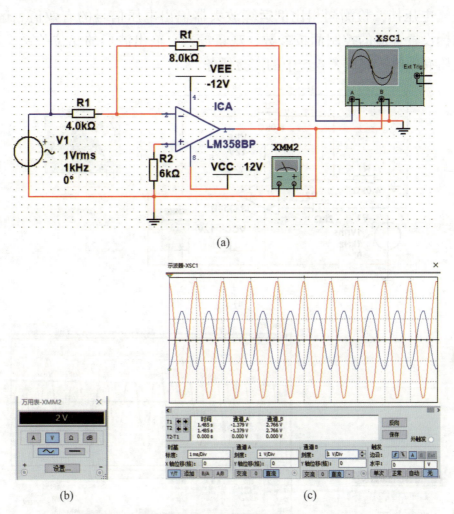

图 4.3 检测反相比例运算放大器仿真实验电路

（a）同相比例运算放大器仿真实验电路；（b）万用表面板设置；（c）示波器面板设置参考

步骤二：更改 $R_f=4\mathrm{k}\Omega$，运行仿真电路，双击示波器图标设置合适的控制面板参数，观察输入、输出波形的相位关系，读取输出信号电压值，完成表 4.4 中的实验任务。

表 4.4 仿真检测反相比例运算放大器

实验参数	绘制 U_i、U_o 波形	U_o/V	A_{uf}	U_i、U_o 波形的相位关系
$U_i=1\mathrm{V}$ $R_1=4\mathrm{k}\Omega$ $R_f=8\mathrm{k}\Omega$				
$U_i=1\mathrm{V}$ $R_1=4\mathrm{k}\Omega$ $R_f=4\mathrm{k}\Omega$				

二、仿真检测同相向比例运算放大器

步骤一：使用 Multisim 14 仿真软件搭建如图 4.4 所示的仿真实验电路。输入电压信号设置为 1V、1kHz,用示波器的 A 通道检测输入电压的波形,B 通道检测输出电压的波形,万用表都设置为交流电压挡,检测同相比例运算放大器输出电压信号的有效值。运行仿真电路,双击示波器图标设置合适的控制面板参数,观察输入、输出波形的相位关系。双击万用表读取输出信号电压有效值,完成表 4.5 中的实验任务。

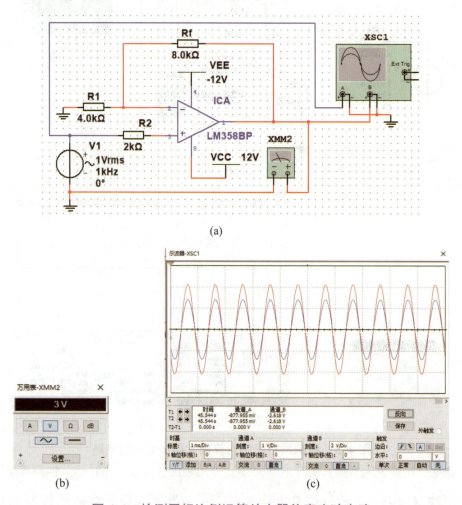

图 4.4 检测同相比例运算放大器仿真实验电路
(a) 同相比例运算放大器仿真实验电路;(b) 万用表面板设置;(c) 示波器面板设置参考

步骤二:更改 $R_f=1\text{m}\Omega$,运行仿真电路,双击示波器图标设置合适的控制面板参数,观察输入、输出波形的相位关系,读取万用表显示的输出信号电压有效值,完成表 4.5 中的实验任务。

表 4.5 仿真检测同相比例运算放大器

实验参数	绘制 U_i、U_o 波形	U_o/V	A_{uf}	U_i、U_o 波形的相位关系
$U_i=1\text{V}$ $R_1=4\text{k}\Omega$ $R_f=8\text{k}\Omega$				
$U_i=1\text{V}$ $R_1=4\text{k}\Omega$ $R_f=1\text{m}\Omega$				

三、巩固练习

1. 反相比例运算放大电路的输出电压信号的相位与输入电压信号的相位相_____。（同、反）

2. 图 4.5 所示的反相比例运算放大电路中，当 $R_1 = R_f$ 时，反相比例放大器成为_____器。（反相、电压跟随）

3. 同相比例运算放大电路的输出电压信号的相位与输入电压信号的相位相_____。（同、反）

4. 图 4.6 所示的同相比例运算放大电路中，_____引入了_____反馈，当 $R_f = 0$ 时，同相比例放大器成为_____器。（反相、电压跟随）

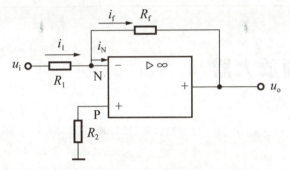

图 4.5　反相比例运算放大电路

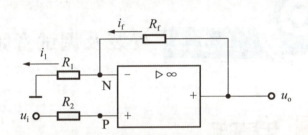

图 4.6　同相比例运算放大电路

任务评价

仿真检测集成运放职业能力评比计分表如表 4.6 所示。

表 4.6　仿真检测集成运放职业能力评比计分表

项目	配分	评分标准	自评	互评	师评	平均
仿真检测反相比例运算放大器	30	能正确搭接仿真电路（5分）； 能正确设置万用表工作挡位，读出实验数据（3分）； 正确设置示波器控制面板观察输入、输出电压波形（7分）； 能正确计算电压放大倍数（10分）； 能正确描述 U_i、U_o 波形的相位关系（10分）				
仿真检测同相比例运算放大器	30	能正确搭接仿真电路（5分）； 能正确设置万用表工作挡位，读出实验数据（3分）； 正确设置示波器控制面板观察输入、输出电压波形（7分）； 能正确计算电压放大倍数（10分）； 能正确描述 U_i、U_o 波形的相位关系（10分）				

续表

项目	配分	评分标准	自评	互评	师评	平均
巩固练习	10	错一空扣3分				
学习态度	10	迟到、早退一人次扣2分；学习态度不端正不得分				
安全文明操作	10	不安全文明使用计算机，每次扣5分				
7S管理规范	10	工位不清洁，每工位扣2分；没有节能意识，扣5分				
		合计				

任务三　安装及调试音频放大器

一、准备工作

1. 列出所需电子元器件清单

根据如图4.7所示的音频前置放大电路图，先使用 Multisim 14 软件仿真检测该电路工作状态，选择所需电子元器件参数，明确电路工作原理，列出所需元器件清单，如表4.7所示。

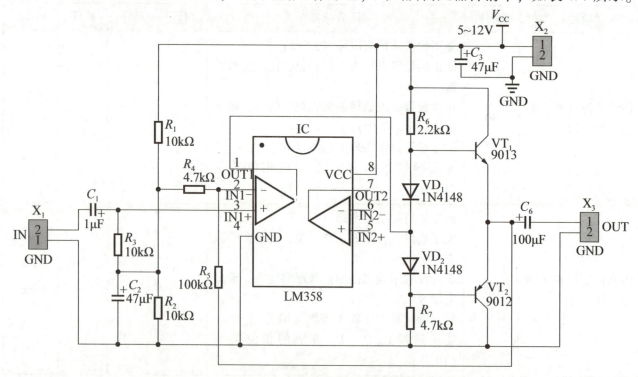

图4.7　音频前置放大电路图

表 4.7 音频前置放大器所需元器件清单

元件名称	数量	位置	元件名称	数量	位置
电阻 10kΩ	2	R_1、R_2	电阻 100kΩ	2	R_3、R_5
电阻 4.7kΩ	2	R_4、R_7	电阻 2.2kΩ	1	R_6
二极管 1N4148	2	VD_1、VD_2	三极管 9013	1	VT_1
电解电容 1μF/50V	1	C_1	三极管 9012	1	VT_2
电解电容 47μF/16V	3	C_2、C_3、C_4	接线座 X_1、X_2、X_3	3	2P
集成运放 LM358	1	IC	PCB	1	

2. 准备制作工具仪表

焊接工具 1 套、焊锡丝、斜口钳、万用表（指针式、数字式均可）、示波器、导线、输出 3~15V 直流电源、0.5W/8Ω 扬声器（作为负载）等。

3. 准备音频前置放大器所需元器件及电路板

根据表 4.7 所示的元器件清单准备音频前置放大器所需元器件，如图 4.8（a）所示。电路板可使用孔板进行手工绘制，也可使用现成制作好的如图 4.8（b）所示的电路板。

(a)

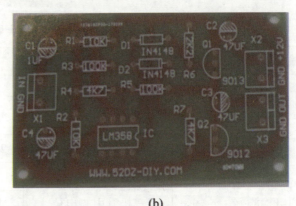
(b)

图 4.8 音频前置放大器所需元器件
（a）元器件；（b）电路板

二、操作过程

步骤一：插装与焊接元器件。

将检测后的元器件按装配工艺要求进行装配，按焊接工艺要求将元器件焊接在电路板上。音频前置放大成品如图 4.9 所示。

步骤二：在焊接面走线，完成装配（如果是已经加工好的现成电路板此步骤省略）。

按设计好的装配图连接元器件线路

图 4.9 音频前置放大器成品

关系。

步骤三：调试音频前置放大电路。

装配完成的电路板经检查插装、焊接合格后，还需进行在路电阻检测及通电后关键点电压、电流检测，波形测试。

(1) 通电前在路电阻检测

电路不通电，使用万用表的欧姆挡或二极管检测挡位，分别检测电路输入端（X_2）的正反电阻值，判定有无短路，数据填入表4.8。

(2) 通电检测

确定电路无短路故障后，电源输入端（X_2）接直流电源12V，使用万用表检测LM358、VT_1、VT_2的各脚电位，数据填入表4.8；分析电路是否工作在正常放大状态。

(3) 波形测试

电路正常工作后，在输入端（X_1）接入一个2mV、1kHz的交流信号，使用示波器测试输出端（X_3）的波形，填入表4.8；分析该波形是否失真。

(4) 放大效果测试

电路正常工作后，在输入端（X_1）接入一个正常的音频信号（可以手机音频输出），在输出端接上一个0.5W、8Ω的扬声器，同时调节输入音频信号大小，听音响效果，并记录于表4.8。

表4.8 音频前置放大器检测数据

检测项目	检测情况								
通电前在路电阻检测	电源端的正反电阻值 $R_正$ = _____、$R_反$ = _____ 是否短路：								
通电检测	LM358引脚	1	2	3	4	5	6	7	8
	电位值								
	三极管引脚电位		V_c		V_b		V_e	三极管引脚工作状态	
	VT_1								
	VT_2								
波形测试	画出输出端（X_3）波形								
放大效果测试	音质效果：								

步骤四：与仿真环境测试数据比较，分析区别。

将以上测试数据与仿真测试数据比较，分析其异同。

步骤五：排除音频前置放大器电路故障。

音频前置放大电路元器件较少，一般有电路短路、开路、无声或声音小或失真，主要原因是元器件装错、焊接不良。

你装配的电路板有什么故障现象：

任务评价

安装调试音频前置放大器职业能力评比计分表如表 4.9 所示。

表 4.9 安装调试音频前置放大器职业能力评比计分表

项目	配分	评分标准	自评	互评	师评	平均
元器件的检测	15	能正确使用万用表（5分）； 能正确检测电路元器件（10分）				
装配	25	能符合产品制作工艺要求（10分）； 能正确装配音频前置放大产品（15分）				
调试	30	能实现电路功能（5分）； 能完成表 4.8 所示电路数据（20分）； 能排除音频前置放大器电路故障，调试其功能（5分）				
学习态度	10	积极主动完成任务，每次加 1 分				
安全文明操作	10	规范操作，每次加 2 分				
7S 管理规范	10	工位整洁，每次加 2 分； 具有节能意识，加 2 分				
合计						

项目五

安装调试直流稳压电源

任务一　仿真检测直流稳压电源

任务实施

一、仿真检测三端固定稳压电源

在 Multisim 14 环境，建立如图 5.1 所示的 LM7812 固定输出 12V 仿真实验电路，并仿真其关键点电压、电流及波形变换情况。设置万用表 XMM1 为交流电流挡，XMM2 为直流电压挡，XMM3 为直流电压挡，XMM4 为直流电流挡，示波器时基 10ms、垂直幅度 10V。

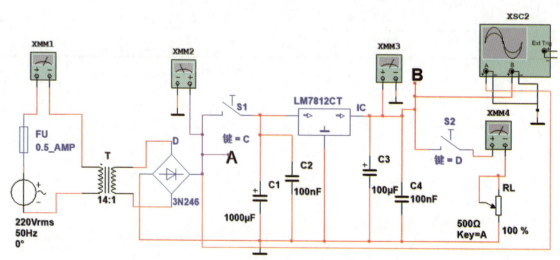

图 5.1　LM7812 固定输出 12V 仿真实验电路

1. 仿真检测整流电路输出电压值及输出电压波形

打开电路中所有开关 S_1 和 S_2，运行仿真电路，观察检测点 A 的电压值如图 5.2 所示。A 点的输出波形如图 5.3 所示。

1）估算该电路整流输出电压为 _____ V，与仿真检测值是否一致 _____ 。
2）画出该电路整流输出电压波形，标示出周期和幅度。

项目五 安装调试直流稳压电源

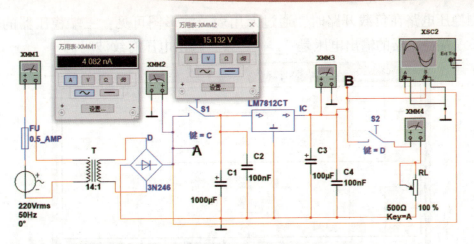

图 5.2 A 点电压值

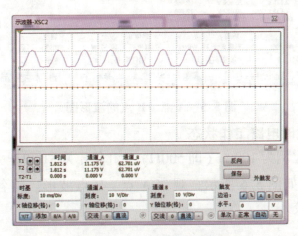

图 5.3 A 点的输出波形

2. 仿真检测负载开路时电路工作状态

闭合开关 S_1，断开开关 S_2，运行仿真电路，检测 A 点、B 点的电压值如图 5.4 所示。A 点、B 点的波形图如图 5.5 所示。

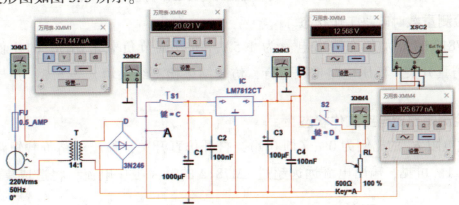

图 5.4 检测 A 点、B 点的电压值

仿真检测稳压电路在负载开路时，通过万用表及波形图可见：三端稳压器的输入电压是_____V，三端稳压器的输出电压是_____V，输出电压有纹波吗？

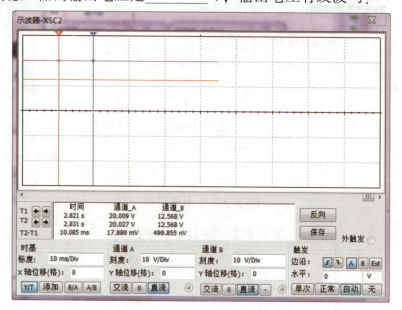

图 5.5　A 点、B 点的波形图

3. 仿真检测负载轻载时电路工作状态

调节负载电阻 R_L 的比例为 100%（即 500Ω），闭合开关 S1 和开关 S2，运行仿真电路，检测 A 点、B 点的电压值，如图 5.6 所示。观察 A 点、B 点波形。将各万用表测量结果填入表 5.1，并与理论计算值比较。

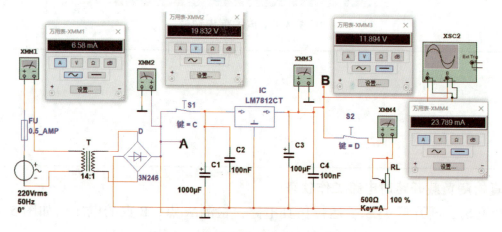

图 5.6　负载轻载时电路工作状态

4. 仿真检测重载时电路工作状态

因为 LM7812 的最大允许输出电流为 1.5A，所以调节负载电阻 R_L 的比例为 2%（即 10Ω），打开仿真开关，稳压电路重载运行，仿真结果检测结果填入表 5.3，并与理论计算值比较。

5. 仿真检测短路时电路工作状态

调节负载电阻 R_L 的比例为 0%（即 0Ω），打开仿真开关，稳压电路负载短路运行，仿真结果填入表 5.1。可见，输出电流远远超过 LM7812 的最大工作电流，将造成集成电路损坏，熔断器熔断。

表 5.1　三端固定稳压电源受负载影响仿真检测结果与理论计算值

项目	负载阻值/Ω	输出电流/A（XMM4）	输出电压/V（XMM3）	变压器一次回路电流/V（XMM1）	整流滤波输出电压/V（XMM2）
仿真测量值	500				
	50				
	10				
	0				
理论计算值	500				
	50				
	10				
比较结果					
结论：	负载电阻大小对稳压输出电压的影响： 负载电阻大小对稳压输出电流的影响：				

二、仿真检测三端集成可调输出稳压电源

1. 搭建仿真电路

在 Multisim 14 环境，搭建如图 5.7 所示的 LM317 可调式稳压电源仿真检测电路，设置万用表 XMM1 为交流电流挡，XMM2 为直流电压挡，XMM3 为直流电压挡，XMM4 直流电流挡，XMM5 为直流电压挡。图 5.7 中 A、B、C 点为电路关键检测点。

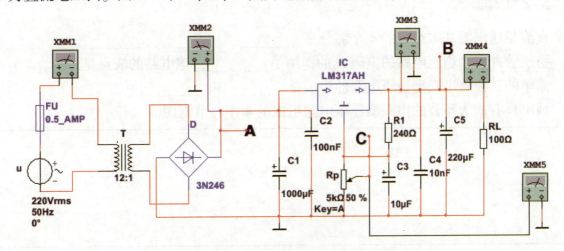

图 5.7　LM317 可调式稳压电源仿真检测电路

2. 仿真检测电源输出电压范围

负载电阻 R_L 为 100Ω，运行仿真电路，调节 LM317 调整端可变电阻 R_P 的比例分别为 0%、5%、10%、20%、40%、60%、80%、100%，将 5 只万用表的测量结果填入表 5.2。图 5.8 为 R_P 为 0Ω 时的仿真结果。

表 5.2　可调式三端集成直流稳压电源输出电压范围

R_P 比例	0%	5%	10%	20%	40%	60%	80%	100%
R_P 阻值	0	25Ω	500Ω	1kΩ	2kΩ	3kΩ	4kΩ	5kΩ
变压器初级电流（XMM1）/V								
整流输出电压（XMM2）/V								
稳压输出电压（XMM3）/V								
稳压输出电流（XMM4）/mA								
调整端电压（XMM5）/V								
理论计算稳压输出电压值								
稳压电源输出电压范围								

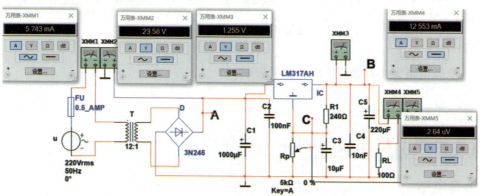

图 5.8　R_P 为 0Ω 时的仿真结果

三、巩固练习

1. 直流稳压电源基本组成的 4 个部分是_____、_____、_____、_____。
2. 稳压管并联型稳压电路的电阻 R 的作用是_____，该电路的缺点是_____。
3. 简单的三极管串联型稳压电路的组成是_____和_____。
4. 画出具有放大环节的串联型稳压电路组成的 4 个环节框图。

5. 具有放大环节的串联型稳压电路中比较放大部分的作用是_____，该部分电路组成的放大器类型是_____放大电路，其中负反馈元件是_____，该电路决定了稳压器的_____。

6. 具有放大环节的串联型稳压电路中调整部分的作用是_____，该部分电路组成的放大器类型是_____放大电路，其中调整元件相当于_____，该元件决定了稳压器的_____。

7. 具有放大环节的串联型稳压电路输出电压调节范围的计算公式为_____。

8. 画出三端固定集成稳压器 CW78×× 和 CW79×× 系列的 3 脚的引脚排列图（TO-220 封装）。

9. 描述提高固定三端集成稳压器电压的方法和提高输出电流的方法。

10. 画出三端可调集成稳压器 CW317 和 CW337 的 3 脚的引脚排列图（TO-220 封装）。

任务评价

仿真检测集成稳压电源职业能力评比计分表如表 5.3 所示。

表 5.3 仿真检测集成稳压电源职业能力评比计分表

项目	配分	评分标准	自评	互评	师评	平均
仿真检测三端固定稳压电源	35	能正确搭建固定输出仿真电路（5分）； 能仿真检测整流输出电压及波形（5分）； 能仿真检测负载开路时电路工作状态（5分）； 能仿真检测负载轻载时电路工作状态（5分）； 能仿真检测重载时电路工作状态（5分）； 能仿真检测短路时电路工作状态（5分）； 能计算理论值并得出正确结论（5分）				
仿真检测三端集成可调输出稳压电源	25	能正确搭建可调输出仿真电路（5分）； 能仿真检测电源输出电压范围（10分）； 能理论计算输出电压范围（10分）				
巩固练习	10	每小题 1 分				
学习态度	10	积极主动完成任务，每次加 1 分				

续表

项目	配分	评分标准	自评	互评	师评	平均
安全文明操作	10	规范操作，每次加2分				
7S 管理规范	10	工位整洁，每次加2分；具有节能意识，加2分				
合计						

任务二　安装及调试音响电源

一、准备工作

1. 列元器件清单

LM317 可调直流稳压电源如图 5.9 所示，使用 Multisim 14 软件仿真检测该电路工作状态，选择所需电子元器件参数，列出表 5.4 所示的元器件清单。

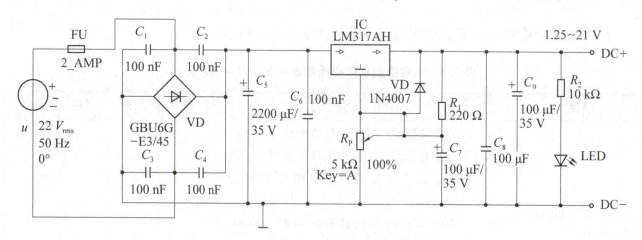

图 5.9　LM317 可调直流稳压电源

表 5.4　可调稳压电源元器件清单

序号	名称	规格	数量
1	熔断器	2A/220V	1只
2	整流桥堆	GBU6	1只
3	电阻 R_1	220Ω/0.25W	1只
4	电阻 R_2	10kΩ/0.25W	1只

续表

5	可调电阻 R_P	5kΩ 微调型	1只
6	薄膜电容器 C_1~C_4、C_6、C_8	0.1μF	6只
7	电解电容器 C_5	2200μF/35V	1只
8	电解电容器 C_7、C_9	100μF/35V	2只
9	二极管	1N4007	1只
10	发光二极管	插件3mm（红色）	1只
11	可调正输出稳压器	LM317	1只
12	散热片及螺钉	LM317 散热片	1套
13	电路板	32mm×62mm 现成板或孔孔板	1块
14	接线插座	2.54mm-2P	2只

2. 准备制作工具仪表

焊接工具1套、焊锡丝、斜口钳、万用表（指针式、数字式均可）、导线、输出9V/18V/25V 交流电压的电源、100Ω/10W 可调电阻等。

3. 准备可调稳压电源所需元器件及电路板

根据表5.4准备所需元器件及电路板。

二、操作过程

步骤一：设计装配图。

使用 Ultiboard 14.0 或 Altium Designer Winter 软件设计 LM317 稳压器装配图，如图5.10所示。可使用孔板进行手工绘制，也可使用已制作好的电路板。

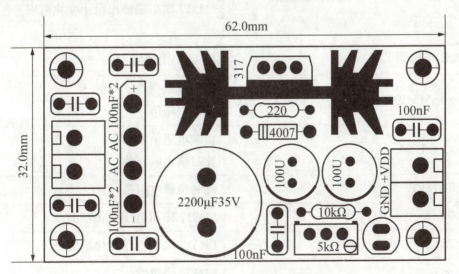

图 5.10 LM317 稳压器装配图

LM317 稳压器装配图按电路原理图的连接关系及电路板的结构布线。器件布线要均匀，结构要紧凑,连接导线要合理,导线不能相互交叉,确需交叉的导线应在器件体下穿过。

步骤二:插装与焊接元器件。

将已检测后的元器件按装配工艺要求进行装配,按焊接工艺要求将元器件焊接在电路板上。

步骤三:在焊接面走线,完成装配(如果是已经加工好的现成电路板此步骤省略)。

按设计好的装配图连接元器件线路关系。

安装完毕的 LM317 可调直流稳压电源(不含变压器)如图 5.11 所示。

图 5.11　安装完毕的 LM317 可调直流稳压电源(不含变压器)

步骤四:测试与分析 LM317 可调直流稳压电源。

装配完成的电路板经检查插装、焊接合格后,就可通电测试,使用 18V 交流电压(或使用变压器将 220V 交流变为 18V),将检测数据填入表 5.5。

表 5.5　LM317 稳压电源检测数据

测试项目	测试数据
1. 调节 R_P 从 0% 到 100% 时,万用表检测数据	LM317 输入端输入电压变化范围: LM317 输出端输出电压变化范围:
2. 调节 R_P 使输出电压为 12V	R_P 的使用阻值:
3. 12V 电源带一个 5Ω/10W 电阻器	输出电流值: 输出电压值:
4. 输出电流不大于 1.5A	负载电阻值不小于: 此时输出电压值:
5. 稳压电源稳定在 12V	此时负载电阻值:
6. 交流电压为 9V	LM317 输出电压变化范围:
7. 交流电压为 25V	LM317 输出电压变化范围:
8. 交流电压为 30V	改变电路参数:

步骤五:与仿真环境测试数据比较,分析区别。

将以上测试数据与仿真测试数据比较，分析其异同。

步骤六：排除电源故障。

电源元器件较少，一般有发光二极管不亮、输出电压不可调，主要原因是电路焊接或元器件极性装错。

你装配的电路板有些什么故障现象：_____。

任务评价

安装调试直流稳压电源职业能力评比计分表如5.6所示。

表5.6 安装调试直流稳压电源职业能力评比计分表

项目	配分	评分标准	自评	互评	师评	平均
电源元器件的检测	10	能正确使用万用表（5分）； 能正确检测电路元器件（5分）				
制作装配图	10	能正确使用PCB设计软件及技巧（5分）； 能正确设计稳压电源装配图（5分）				
装配	20	能符合产品制作工艺要求（10分）； 能正确装配稳压电源产品（10分）				
调试	40	能完成表5.5所示电路数据（30分）； 能排除稳压电源故障，调试其功能（10分）				
学习态度	5	积极主动完成任务，每次加1分				
安全文明操作	10	规范操作，每次加2分				
7S管理规范	5	工位整洁，每次加2分； 具有节能意识，加2分				
合计						

项目六

安装调试调光电路

任务一　仿真检测晶闸管调光电路

任务实施

一、仿真检测单向可控整流电路

在 Multisim 14 仿真环境，建立如图 6.1 所示的单向可控半波整流仿真电路（符号采用 DIN 标准）。

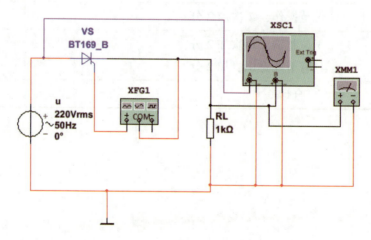

图 6.1　单向可控半波整流仿真实验电路

调节函数信号发生器提供 1V、50Hz 的矩形波，打开仿真开关，负载电阻两端电压为直流电压 97.983V，将 220V、50Hz 的正弦交流波形电整流为半波脉动直流电，如图 6.2 所示。

项目六　安装调试调光电路

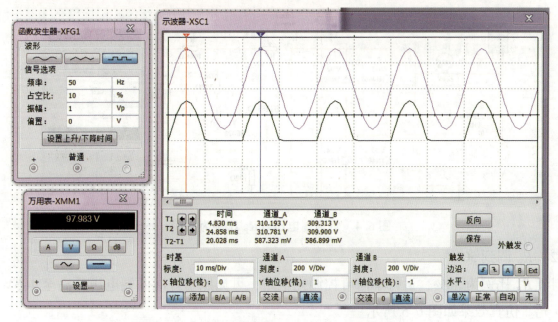

图 6.2　半波可控整流输出波形及输出直流电压

二、仿真检测单向可控调光电路

1. 建立单向可控调光仿真电路

晶闸管只要加上实时的触发电压，就可以实现可控整流，还可以实现调节电压，起到一个可控开关使用。使用 Multisim 14 建立如图 6.3 所示的晶闸管调光仿真电路。

提示：图 6.3 中单结晶体管选用国际标准符号及型号 2N6028。

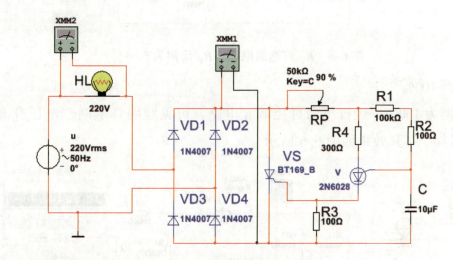

图 6.3　单向可控调光仿真电路

2. 仿真单向可控调光电路效果

（1）R_P 调到 0%

调节 R_P 比例为 0%，阻值最大，运行单向可控调光电路，此时晶闸管触发电压很低，可见照明灯泡两端电压只有 6V 左右，大部分电压压降在晶闸管两端，灯泡几乎不亮。仿真效果如图 6.4 所示。

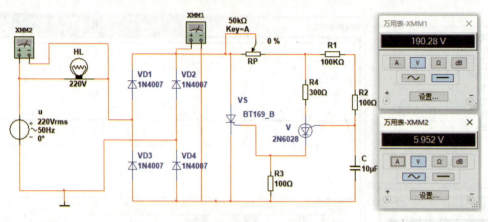

图 6.4　灯泡端电压（R_P 比例为 0%）

（2）R_P 调到 50%

调节 R_P 比例为 50%，运行单向可控调光电路，可见照明灯泡两端电压升高至 193V 左右，灯泡发光。仿真效果如图 6.5 所示。

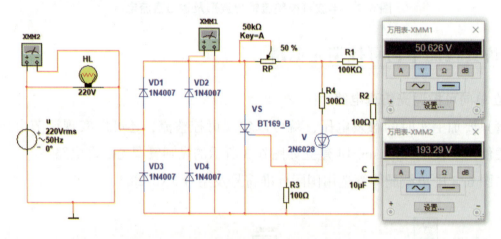

图 6.5　R_P 灯泡端电压（R_P 比例为 50%）

（3）R_P 调到 100%

调节 R_P 比例为 100%，运行单向可控调光电路，可见照明灯泡两端电压升高至 217V 左右，灯泡亮度增加。仿真效果如图 6.6 所示。

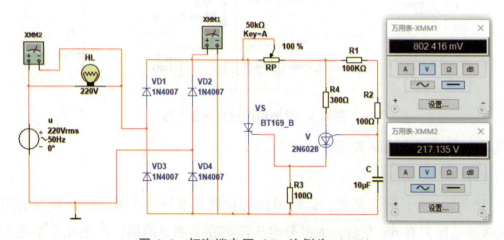

图 6.6　灯泡端电压（R_P 比例为 100%）

三、仿真检测双向可控调光电路

1. 建立双向可控调光仿真电路

双向晶闸管更易实现照明调光,常见的双向晶闸管调光电路有氖管触发调光方式、阻容触发调光方式及双向二极管触发方式等。这里以阻容触发方式为例,仿真检测双向可控调光电路,使用 Multisim 14 建立如图 6.7 所示的双向可控调光仿真电路。

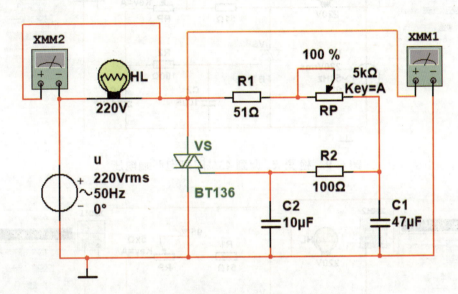

图 6.7 双向可控调光仿真实验电路

2. 仿真双向可控调光电路效果

(1) 检测 R_P 调到 5% 时灯泡两端电压

调节 R_P 比例为 5%,运行仿真电路,此时晶闸管触发电压低,可见照明灯泡两端电压只有 49V 左右,大部分电压压降在晶闸管两端,灯泡几乎不亮。仿真效果如图 6.8 所示。

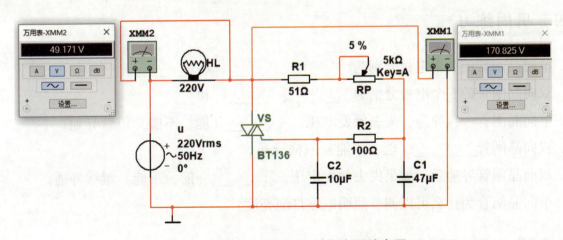

图 6.8 检测 R_P 调到 5% 时灯泡两端电压

(2) 检测 R_P 调到 65% 时灯泡两端电压

调节 R_P 比例为 65%,运行仿真电路,可见照明灯泡两端电压升高至 95V 左右,灯泡发微光。仿真效果如图 6.9 所示。

（3）检测 R_P 调到 95% 时灯泡两端电压

调节 R_P 比例为 95%，运行仿真电路，可见照明灯泡两端电压升高至 180V 左右，灯泡亮度增加。仿真效果如图 6.10 所示。

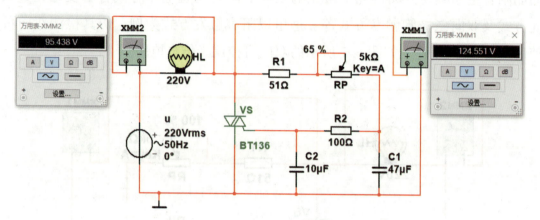

图 6.9 检测 R_P 调到 45% 时灯泡两端电压

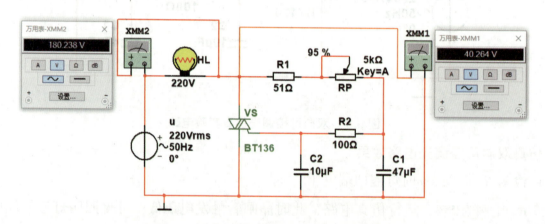

图 6.10 检测 R_P 调到 95% 时灯泡两端电压

四、巩固练习

1. 单向晶闸管的 3 个电极分别为_____、_____和_____。

2. 双向晶闸管的 3 个电极分别为_____、_____和_____。

3. 单向晶闸管一旦导通，失去触发电压，_____（能、不能）继续导通。

4. 双向晶闸管_____（能、不能）双向导通。

5. 双向晶闸管导通后，如果失去触发电压，_____（能、不能）继续导通。

6. 单向晶闸管为什么可以调节照明电路灯泡亮度？

任务评价

仿真检测调光电路职业能力评比计分表如表 6.1 所示。

表 6.1 仿真检测调光电路职业能力评比计分表

项目	配分	评分标准	自评	互评	师评	平均
仿真检测单向可控整流电路	10	能正确搭接仿真电路（5分）；能正确绘制输出波形（5分）				
仿真检测单向可控调光电路	20	能正确搭接仿真电路（10分）；能正确描述触发特性（10分）				
仿真检测双向可控调光电路	20	能正确搭接仿真电路（10分）；能正确描述触发特性（10分）				
巩固练习	20	能仿真检测单向可控整流电路（5分）；能仿真检测单向可控调光电路（5分）；能仿真检测双向可控调光电路（5分）；能比较单向可控调光电路和双向可控调光电路触发特性（5分）				
学习态度	10	积极主动完成任务，每次加1分				
安全文明操作	10	规范操作，每次加2分				
7S 管理规范	10	工位整洁，每次加2分；具有节能意识，加2分				
合计						

任务二　安装及调试调光电路

任务实施

一、准备工作

1. 认识调光电路

调光电路如图 6.11 所示，理解电路工作原理。认识所需电子元器件。列出所需电子元器件清单，如表 6.2 所示。

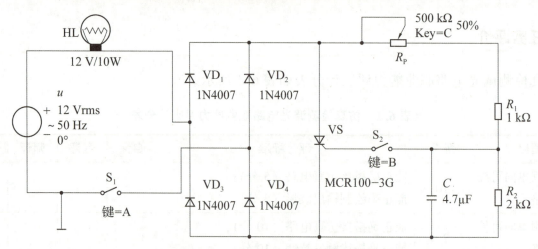

图 6.11 晶闸管调光电路原理图

表 6.2 调光电路所需元器件清单

序号	名称	规格	数量
1	整流二极管 $VD_1 \sim VD_4$	1N4007	4 只
2	晶闸管 VS	MCR100-3	1 只
3	电阻 R_1	1 kΩ	1 只
4	电阻 R_2	2 kΩ	1 只
5	电容器 C	4.7 μF	1 只
6	可调电阻 R_P	500 kΩ	1 只
7	开关 S_1、S_2	可机械自锁	2 只
8	灯泡 HL	12V/10W	1 个

2. 准备制作工具仪表

焊接工具1套、焊锡丝、斜口钳、万用表（指针式、数字式均可）、导线、12V 交流电源等。

3. 准备元器件与电路板

根据表 6.2 所示的调光电路所需元器件清单准备元器件。调光灯电路板可使用孔板手工绘制，也可使用制作好的如图 6.12 所示的电路板。调光电路所需元器件与电路板如图 6.13 所示。

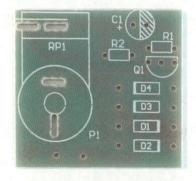

图 6.12 调光灯电路板

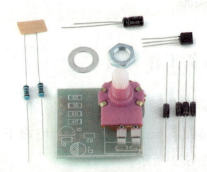

图 6.13 调光电路所需元器件与电路板

二、操作过程

1. 插装与焊接元器件
将已准备好的元器件按工艺要求插装或焊接在电路板上。

2. 在焊接面走线，完成装配（如果是已经加工好的现成电路板此步骤省略）
按设计好的装配图连接线路。要求：电阻器采用水平卧式安装方式，色标电阻器的色环标志顺序方向一致；电容器采用垂直安装方式，有极性的注意区分正负极性；二极管采用卧式安装方式，注意引脚极性；微调电位器紧贴电路板安装，不能歪斜；同类器件的高度要尽量一致；布线要正确，焊接要可靠，表面要光亮，无漏焊、虚焊、短路现象。

3. 测试与分析调光灯
装配完成的电路板经检查插装、焊接合格后，即可通电测试，使用12V交流电压。闭合两个开关S_1和S_2，接通12V交流电压，调节R_P时，使用万用表的电压挡进行测试：

1）整流输出（晶闸管VS两端）电压变化情况。
2）电容器C两端电压变化情况。
3）灯泡HL两端电压变化情况。
4）试验在灯泡发光时，断开S_2出现什么现象。将测试数据填入表6.3。

表6.3　调光灯电路关键点测试

测试项目	测试数据
整流输出（晶闸管VS两端）电压变化情况	
电容器C两端电压变化情况	
灯泡HL两端电压变化情况	
实验在灯泡发光时，断开S_2出现什么现象	

4. 与仿真环境测试数据比较，分析区别
将以上测试数据与仿真测试数据比较，分析其异同。

5. 排除调光灯故障
调光灯元器件较少，一般有灯不亮、灯亮不可调，主要原因是电路焊接或元器件极性装错。

你装配的电路板有些什么故障现象：

任务评价

安装调试调光电路职业能力评比计分表如表 6.4 所示。

表 6.4 安装调试调光电路职业能力评比计分表

项目	配分	评分标准	自评	互评	师评	平均
晶闸管的检测	20	能正确使用万用表（10分）； 能正确检测晶闸管（10分）				
装配	30	能符合产品制作工艺要求（10分）； 能正确装配调光灯产品（10分）				
调试	20	能排除调光灯电路故障，调试其功能（20分）				
学习态度	10	积极主动完成任务，每次加1分				
安全文明操作	10	规范操作，每次加2分				
7S 管理规范	10	工位整洁，每次加2分； 具有节能意识，加2分				
合计						

项目七

安装调试音响功率放大器

任务一　仿真检测甲类功率放大器

任务实施

在 Multisim 14 环境，建立如图 7.1 所示的单管单声道甲类功率放大器仿真电路，该电路近似分压偏置放大电路，为了输出最大不真功率，集电极负载采用输出变压器，其输出变压器的阻抗比为 200∶8，匝数比为 50∶10。负载阻抗为 8Ω。功率放大器采用三极管 D42C1，其最大耗散功率为 12.5W。

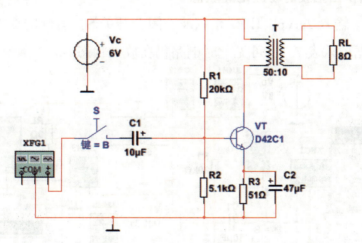

图 7.1　单管单声道甲类功率放大器仿真电路

一、仿真检测甲类功率放大器的过程

1. 仿真检测甲类功放的静态工作点

调用万用表分别检测整机静态电流、功率放大器集电极静态电流及功率放大器各极静态电位。断开开关 S，运行仿真电路，检测数据如图 7.2 所示（也可使用软件的直流工作点仿真功能）。将检测数据填入表 7.1，可见此时电路工作在放大状态。

模拟电子技术基础

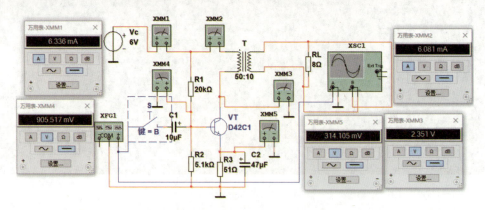

图 7.2　仿真检测甲类功率放大器静态工作点

表 7.1　甲类功率放大器工作点检测表

参数	整机电压	整机电流	集电极电流	集电极电位	基极电位	发射极电位
无输入信号（静态）						
输入 2mVp 正弦波						
输入 10mVp 正弦波						
输入 20mVp 正弦波						
输入 30mVp 正弦波						

2. 仿真输入 2mVp 正弦波时功放电路状态

设置信号发生器，输入 2mVp、1kHz 正弦波，闭合开关 S，运行仿真电路，检测数据如图 7.3 所示。将检测数据填入表 7.1，可见此时电路仍在放大状态。

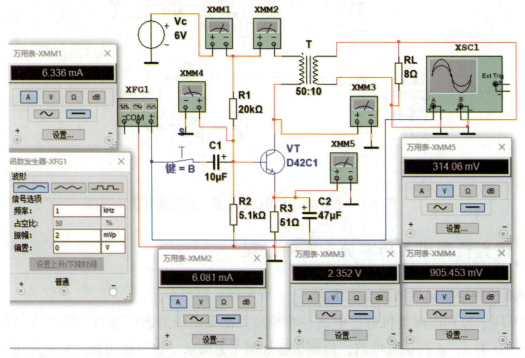

图 7.3　仿真检测甲类功率放大器输入 $2mV_p$ 信号电路状态

设置好示波器,观察示波器输入、输出波形,调节指针T1、T2可知最大信号幅度,如图7.4所示(上面一条是输入信号波形,下面一条是负载所得波形),记录波形最大幅度于表7.2。

3. 仿真输入10mVp正弦波时功率放大器电路状态

设置信号发生器提供10mVp、1kHz正弦波,闭合开关S,运行仿真电路,将检测数据填入表7.1,分析数据,所得结论填入表7.2。观察波形,并画出负载两端波形于表7.2。

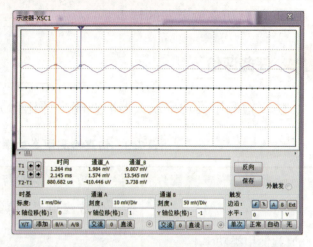

图7.4 输入2mV时甲类功率放大器输出波形

4. 仿真输入20mVp正弦波时功率放大器电路状态

设置信号发生器提供20mVp、1kHz正弦波,闭合开关S,运行仿真电路,将检测数据填入表7.1,分析数据,所得结论填入表7.2。观察波形,并画出负载两端波形于表7.2。

5. 仿真输入30mVp正弦波时功率放大器电路状态

设置信号发生器提供30mVp、1kHz正弦波,闭合开关S,运行仿真电路,将检测数据填入表7.1,分析数据,所得结论填入表7.2。观察波形,并画出负载两端波形于表7.2。

表7.2 仿真检测甲类功率放大器数据分析及波形分析表

参数	工作状态	负载电阻R_L两端波形	负载R_L两端最大幅度	负载R_L所获功率
无输入信号(静态)				
输入2mVp正弦波				
输入10mVp正弦波				
输入20mVp正弦波				
输入30mVp正弦波				

二、巩固练习

1. 功率放大器电路一般放在信号处理电路的_____级,其任务是_____。

2. 功率放大器的特点是_____。

3. 功率放大器的类型有_____。

模拟电子技术基础

4. 甲类功率放大器的特点是＿＿＿＿＿＿＿＿＿＿＿＿＿＿＿＿＿＿＿＿＿＿＿＿＿＿＿。

任务评价

仿真检测甲类功率放大器职业能力评比计分表如表 7.3 所示。

表 7.3　仿真检测甲类功率放大器职业能力评比计分表

项目	配分	评分标准	自评	互评	师评	平均
仿真检测甲类功率放大器，完成表7.1	30	能正确搭建甲类功率放大器仿真电路（10分）； 能正确调用、设置万用表和示波器（5分）； 能正确仿真电路（10分）； 能正确记录数据（5分）				
仿真检测甲类功率放大器，完成表7.2	25	能正确分析功率放大器工作状态（5分）； 能正确画出波形（10分）； 能正确记录 R_L 两端幅度（5分）； 能正确计算输出功率（5分）				
巩固练习	20	能描述功率放大器的任务（5分）； 能描述功率放大器的特点（5分）； 能描述功率放大器的类型（5分）； 能描述甲类功率放大器的特点（5分）				
学习态度	10	积极主动完成任务，每次加1分				
安全文明操作	10	规范操作，每次加2分				
7S 管理规范	5	工位整洁，每次加2分； 具有节能意识，加2分				
合计						

任务二　仿真检测乙类和甲乙类功率放大器

一、仿真检测双管互补对称乙类功率放大器电路

在 Multisim 14 环境，建立如图 7.5 所示的双管互补对称乙类功率放大器仿真电路，并仿真其信号输入时功率放大器的输出波形、效率。

1. 仿真检测互补对称乙类功率放大器的静态工作点

调用万用表分别检测 VT_1、VT_2 的集电极电流、功率放大器输出交流电流及负载 R_L 端交流电压。断开开关 S，运行仿真电路，检测数据如图 7.6 所示（也可使用软件的直流工作点仿真功能）。将检测数据填入表 7.4，可见此时电路工作在截止状态。

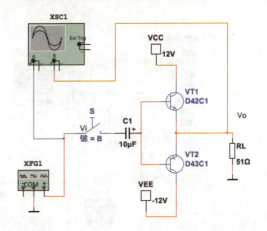

图 7.5 双管互补对称乙类功率放大器仿真电路

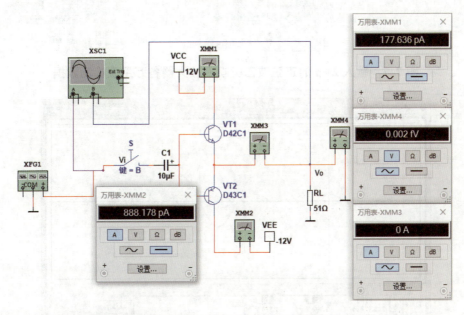

图 7.6 仿真检测互补对称乙类功率放大器的静态工作点 I_C

表 7.4 仿真互补对称乙类功率放大器工作点检测表

参数	VT_1 的 I_C	VT_2 的 I_C	功率放大器输出电流	负载端电压
无输入信号（静态）				
输入 2Vp、1kHz 正弦波				
输入 13Vp、1kHz 正弦波				
输入 15Vp、1kHz 正弦波				

2. 仿真输入 2Vp 的正弦波乙类功率放大器电路状态

设置信号发生器，输入 2Vp、1kHz 正弦波，闭合开关 S，运行仿真电路，检测数据如图 7.7 所示。将各万用表检测数据填入表 7.4，可见此时电路处于近似放大状态。

设置好示波器，观察示波器输入输出波形，调节指针 T1、T2 可知最大信号幅度，如图 7.8 所示（上面一条是输入信号波形，下面一条是负载所得波形）。记录波形最大幅度于表 7.5 中。

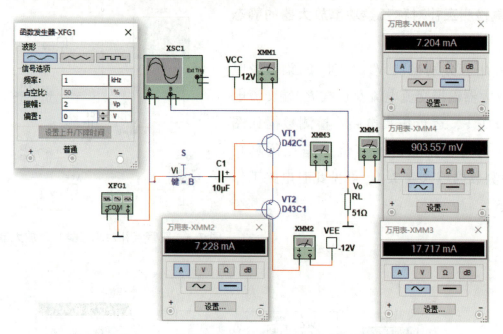

图 7.7 输入 2Vp 的正弦波乙类功率放大器各万用表检测数据

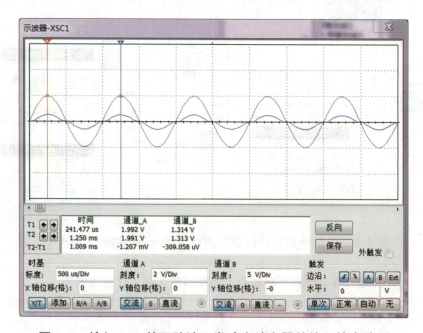

图 7.8 输入 2Vp 的正弦波乙类功率放大器的输入输出波形

3. 仿真输入 13Vp 正弦波时功放电路状态

设置信号发生器为功率放大器提供 13Vp、1kHz 正弦波,闭合开关 S,运行仿真电路,将检测数据填入表 7.4,分析数据,所得结论填入表 7.5。观察波形,并画出负载两端波形于表 7.5 中。

4. 仿真输入 15Vp 正弦波时功率放大器电路状态

设置信号发生器为功率放大器提供 15Vp、1kHz 正弦波,闭合开关 S,运行仿真电路,将检测数据填入表 7.4,分析数据,所得结论填入表 7.5。观察波形,并画出负载两端波形于表 7.5。

表 7.5 仿真检测互补对称乙类功率放大器数据分析及波形分析表

参数	功率放大器工作状态	负载电阻 R_L 两端波形（画出）	负载 R_L 两端最大幅度	负载 R_L 所获功率	功率放大器效率
无输入信号（静态）					
输入 2Vp 正弦波					
输入 13Vp 正弦波					
输入 15Vp 正弦波					

二、仿真检测甲乙类功率放大器电路

在 Multisim 14 环境，建立如图 7.9 所示的双管互补对称甲乙类功率放大器（OTL）仿真电路，万用表用于调整中点电位，示波器用于观察输入、输出波形。

（一）仿真调整 OTL 功率放大器电路静态工作点

断开图 7.9 中的开关 S_3，让电路处于静态。

1. 中点电压的调整

将闭合开关 S_1、S_2，打开仿真开关，电路仿真运行，双击打开万用表 XMM1 面板，设置为直流电压挡；调节 R_{P1} 的比例（比例增大使用电阻增大），观察万用表显示数据。当 R_{P1} 调节到 73% 时，万用表显示为"6V"，如图 7.10（a）所示，中点电压基本调试好。将检测数据填入表 7.6。

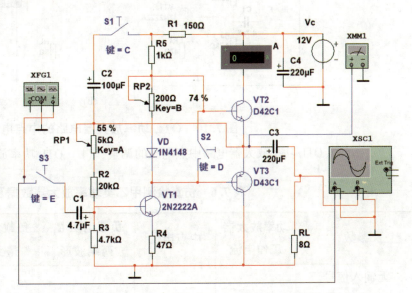

图 7.9 双管互补对称甲乙类功率放大器（OTL）仿真电路

2. OTL 功放级静态电流的调试

中点电压调试后，断开开关 S_2，调节 R_{P2} 观察电流表 A 的读数，使功放级静态电流在 5~8mA 范围内，调节 R_{P2} 至 52%，微调 R_{P1} 为 71%，电路的中点电压为 6V，功放静态电流为 6.38mA，如图 7.10（b）所示。至此，功率放大器电路静态工作点调试完毕。将检测数据填入表 7.6。

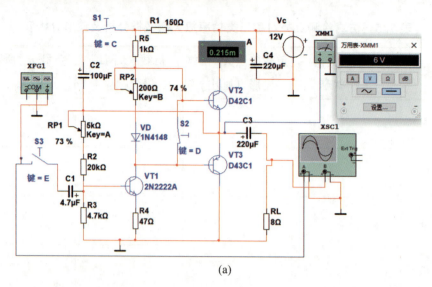

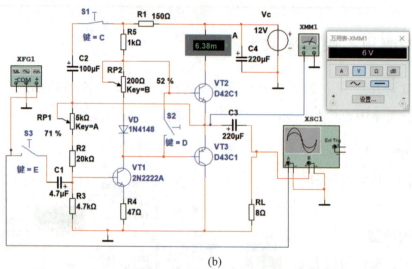

图 7.10 OTL 功率放大器电路的中点电压调整

(a) OTL 功率放大器电路中点电压的调整；(b) OTL 功率放大器电路静态电流的调试

表 7.6 仿真检测甲乙类功率放大器数据及分析表

参数	功率放大器工作电流	中点电位	负载电阻 R_L 两端波形	负载 R_L 两端最大幅度	负载 R_L 通过电流	负载 R_L 所获功率
无输入信号（静态调好）						
输入 10mVp						
输入 100mVp						
输入 380mVp						
输入 600mVp						

（二）仿真检测 OTL 功率放大器电路的输入、输出波形

1. 输入 10mVp 正弦波

设置信号发生器，产生 10mVp、1kHz 的正弦波，增加万用表 XMM2 检测负载电流，设置为交流电流挡，增加万用表 XMM3 检测负载端电压，设置为交流电压挡。闭合开关 S_3，运行仿真电路。仿真结果如图 7.11（a）所示。波形如图 7.11（b）所示。将检测数据填入表 7.6。

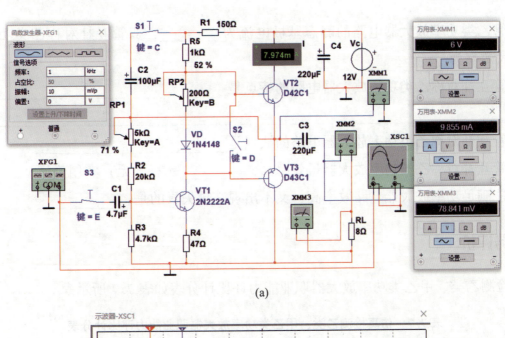

(a)

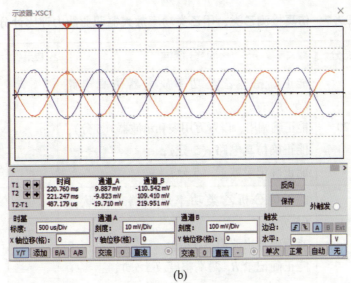

(b)

图 7.11　输入 10mVp 时的检测参数

(a) 中点电位与输出电流电压有效值；(b) 输出波形

2. 输入 100mVp 正弦波

设置信号发生器提供 100mVp、1kHz 的正弦波，闭合开关 S_3，运行仿真电路。将仿真检测及分析数据填入表 7.6。

3. 输入 380mVp 正弦波

设置信号发生器提供 380mVp、1kHz 的正弦波，闭合开关 S_3，运行仿真电路。将仿真检测

及分析数据填入表 7.6。

4. 输入 600mVp 正弦波

设置信号发生器提供 600mVp、1kHz 的正弦波，闭合开关 S_3，运行仿真电路。将仿真检测及分析数据填入表 7.6。

三、巩固练习

1. 单管乙类功率放大器电路的静态基极电流为_____，双管互补对称乙类功率放大器电路的最大效率为_____。
2. 双管互补对称乙类功率放大器电路的特点是_____。
3. 双管互补对称乙类功率放大器电路的缺点是_____。
4. 双管互补对称乙类功率放大器虽效率高，_____（有、无）实用价值。
5. 既能满足功率放大器电路效率高，又不出现交越失真的是_____。

任务评价

仿真检测乙类、甲乙类功率放大器职业能力评比计分表如表 7.7 所示。

表 7.7　仿真检测乙类、甲乙类功率放大器职业能力评比计分表

项目	配分	评分标准	自评	互评	师评	平均
仿真检测乙类功率放大器	20	能正确搭建乙类功率放大器仿真电路（5分）； 能正确调用、设置万用表和示波器（5分）； 能正确仿真电路（5分）； 能正确记录数据（5分）				
仿真检测乙类功率放大器	20	能正确分析乙类功率放大器工作状态（5分）； 能正确画出波形（5分）； 能正确记录 R_L 两端幅度（5分）； 能正确计算功率放大器效率和输出功率（5分）				
仿真检测甲乙类功率放大器	25	能正确搭建甲乙类功率放大器电路（5分）； 能正确画出波形（5分）； 能正确记录 R_L 两端幅度（5分）； 能正确记录 R_L 流过电流（5分）； 能正确计算输出功率（5分）				
巩固练习	10	答对一题加 2 分				

项目	配分	评分标准	自评	互评	师评	平均
学习态度	10	积极主动完成任务，每次加 1 分				
安全文明操作	10	规范操作，每次加 2 分				
7S 管理规范	5	工位整洁，每次加 2 分；具有节能意识，加 2 分				
合计						

任务三　安装及调试音响功率放大器

一、准备工作

1. 认识 LM386 功率运算放大器电路

LM386 单声道功率运算放大器电路原理图如图 7.12 所示，先使用 Multisim 14 软件仿真检测该电路工作状态，选择所需电子元器件参数，明确输出电压、电流情况。列出所需电子元器件清单，如表 7.8 所示。

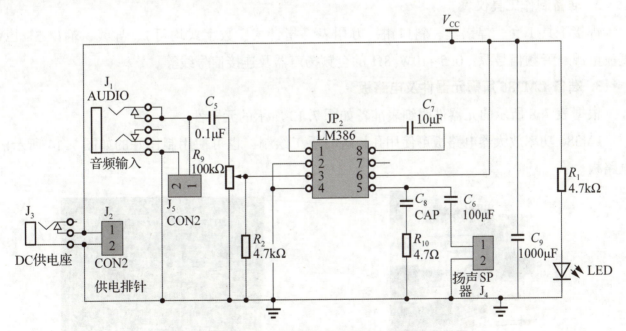

图 7.12　LM386 单声道功率运算放大器电路原理图

表 7.8 LM386 功率放大器电路所需元器件清单

序号	名称	规格	数量
1	电阻器 R_1、R_2	4.7kΩ/0.25W	2 只
2	电阻器 R_{10}	4.7Ω/0.25W	1 只
3	电位器 R_P	100kΩ	1 只
4	电位器旋钮 R_P		1 只
5	瓷片电容 C_5、C_8	104	2 只
6	电解电容器 C_6	100μF/16V	1 只
7	电解电容器 C_7	10μF/16V	1 只
8	电解电容器 C_9	1000μF/16V	1 只
9	功率放大器集成电路 U_1	LM386	1 只
10	集成电路插座 U_1	8 脚 IC 座	1 只
11	排针 J_1、J_2、J_3	6P	1 只
12	发光二极管 LED	3mm 红色	1 只
13	音频信号输入座 J_4（J_1）	3.5mm	1 只
14	电源座 J_5（J_2）	DC005	1 只
15	PCB		1 块

2. 准备制作工具仪表

焊接工具 1 套、焊锡丝、斜口钳、万用表（指针式、数字式均可）、导线、输出 5～12V 直流电源、音频信号源、0.5~10W/8Ω 的全频扬声器及连接信号线等。

3. 准备 LM386 所需元器件及电路板

根据表 7.8 所示的元器件明细表准备如图 7.13 所示的元器件。

LM386 功率放大器电路板可使用孔板进行手工绘制，也可使用制作好的如图 7.14 所示的电路板。

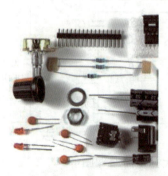

图 7.13 LM386 功率放大电路所需元器件

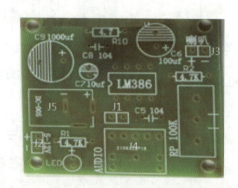

图 7.14 LM386 功率放大电路的电路板

二、操作过程

1. 插装与焊接元器件

将已检测后的如图 7.13 所示的元器件按装配工艺要求进行装配,按焊接工艺要求将元器件焊接在电路板上。安装完成后的 LM386 功率放大器电路如图 7.15 所示。

图 7.15 LM386 功率放大器电路板成品

(a) LM386 功率放大器电路板正面;(b) LM386 功率放大器电路板反面

2. 在焊接面走线,完成装配(如果是已经加工好的现成电路板此步骤省略)

按设计好的装配图连接元器件线路关系。

3. 调试 LM386 功率放大器电路

装配完成的电路板经检查插装、焊接合格后,将音量调节电位器逆时针调到底(音量最小),由 J_4 或 J_1 处外接好音频信号,J_3 处外接扬声器,扬声器可以选用如图 7.16 所示的扬声器。

J_5 或 J_2 处外接 6V 直流电源(可以使用项目六制作的直流电源),电源通电,打开音源,调节电位器听扬声器还原音乐声音大小及音质情况。

图 7.16 扬声器

1)调节 R_P 音量 0%时,扬声器无音乐声

(1)使用万用表直流电压检测 LM386 各脚电位,填入表 7.9。

(2)使用万用表交流挡检测流过扬声器电流和扬声器两端的电压,填入表 7.9。

2)调节 R_P 音量 50%时,扬声器有音乐声

(1)使用万用表直流电压检测 LM386 各脚电位,填入表 7.9。

(2)使用万用表交流挡检测流过扬声器电流和扬声器两端的电压,填入表 7.9。

3)调节 R_P 音量 100%时,扬声器音乐声最大

(1)使用万用表直流电压检测 LM386 各脚电位,填入表 7.9。

(2)使用万用表交流挡检测流过扬声器电流和扬声器两端的电压,填入表 7.9。

表 7.9　LM386 功率放大器检测数据

检测项目	LM386 各脚电位								扬声器电流	扬声器端电压
	1	2	3	4	5	6	7	8		
音量 0%										
音量 50%										
音量 100%										

4）与仿真环境测试数据比较，分析区别

将以上测试数据与仿真测试数据比较，分析其异同。

5）排除功放故障

功率放大器电路外围元器件较少，一般有无声、声音不能调节、噪声太大或音质差等故障，主要原因是电路焊接不良、集成电路不良、电位器不良或元器件装错造成。

任务评价

安装及调试音响功率放大器职业能力评比计分表如表 7.10 所示。

表 7.10　安装及调试音响功率放大器职业能力评比计分表

项目	配分	评分标准	自评	互评	师评	平均
功率放大器元器件的检测	10	能正确使用万用表（5分）；能正确检测电路元器件（5分）				
装配	30	能符合产品制作工艺要求（10分）；能正确装配功率放大器产品（20分）				
调试	30	能实现功率放大器放大音频信号的功能（10分）；能完成表 7.9 所示电路数据（10分）；能排除功率放大器故障，调试其功能（10分）				
学习态度	10	积极主动完成任务，每次加 1 分				
安全文明操作	10	规范操作，每次加 2 分				
7S 管理规范	10	工位整洁，每次加 2 分；具有节能意识，加 2 分				
合计						